著作権トラブル解決のバイブル！

クリエイターのための権利の本

著 大串 肇
北村 崇
木村 剛大
古賀 海人
齋木 弘樹
角田 綾佳
染谷 昌利

改訂版

私が監修
しました

木村 剛大（きむら こうだい）
小林・弓削田法律事務所パートナー／弁護士

JN046284

Born Digital, Inc.

はじめに

　この本は、イラストレーター、ウェブデザイナー、ブロガー、プログラマーといった第一線の現役クリエイターが現場の悩みに答える、というこれまでにないユニークなコンセプトで成り立っています。通常の法律の本とは異なり、体系的に関連する法律をカバーするというよりも、クリエイターが実際に悩むことが多い問題を取り上げることを優先しました。

　インターネットの普及や様々なSNSの登場により、クリエイターはより手軽に自分の作品を公開したり、情報発信したりすることができる環境になっています。この恵まれた環境を活かしていくためには、著作権や契約に関する基本的な理解は欠かせません。フリー素材サイトだから無料で自由に使ってよい、インターネットで公開されている写真だからそれを元にトレースしてイラストを描いても問題ない、といった理解では遅かれ早かれトラブルになってしまうでしょう。

　法律は、抽象的でイメージしにくい概念も多いのですが、この本ではできる限り、実際に裁判で問題となったイラスト、デザインなどの具体的な素材や図解を掲載して、皆さんに興味を持って楽しく気楽に読んでもらえるよう工夫しました。この本がクリエイターの権利に対する理解を深め、自分の権利を守り、他者の権利を尊重することによって、素晴らしい作品の誕生に貢献できることを著者一同願っております。

著者代表　木村 剛大

改訂版の発刊にあたって

『著作権トラブル解決のバイブル！ クリエイターのための権利の本』は、クリエイターだけではなく、著作権に関心がある様々な業界の方にお読みいただくことができ、今回改訂版として発刊することができました。

2018年の初版発刊から5年以上が経ち、著作権法の改正や新たな裁判例が出されたことはもちろん、新型コロナウイルス感染症の流行によるオンラインの活用促進、NFT（非代替性トークン）や生成AIが社会に広く知られるようになるなどクリエイターを取り巻く社会情勢も大きく変化しています。

文化庁も2022年7月に「文化芸術分野の適正な契約関係構築に向けたガイドライン」を公表したり、2022年度より「文化芸術活動に関する法律相談窓口」を開設したりして、クリエイターの著作権問題や契約関係について支援を行っています。

今回の改訂版では、令和5年改正著作権法を含む法改正や裁判例の情報をアップデートしています。また、これに加えて、初版と同じテーマでも、事例を加えたり、差し替えたりすることで初版のご購入者にも新鮮さを持って本書をご覧いただけるように心がけました。多くの事例に触れることは、著作権の感覚を養うことにもつながると考えたためです。

本書が一人でも多くの方に届き、お役に立てば幸いです。

著者代表　木村 剛大

CONTENTS

CHAPTER 3
文章・コピー

CHAPTER 4

プログラムコード・ライセンス

CHAPTER 5

契約・権利の所在

CHAPTER 6

トラブル発生時の対処

CHAPTER
1

クリエイターが権利について知っておくべき理由

近年、著作権に対する意識が急速に高まってきています。このCHAPTERでは、現代のクリエイターが著作権の知識を身に付ける理由について、実際に起こったトラブルを例に解説をしていきます。

私が
書きました

大串 肇（おおぐし はじめ）
株式会社 mgn 代表取締役

SECTION 01 今、権利について 知っておくべき理由

クリエイターは権利について無頓着な人が多いようです。しかし、クリエイターは、他人の権利を侵害する可能性も逆に他人から権利を侵害される可能性も非常に高い職種です。これからのクリエイターは、自分の身を守るためにも権利について知っておくべきです。

インターネットが変えた著作権トラブルの形

　近年、様々なメディアで著作権に関するトラブルや問題が取り沙汰されています。TVのニュースなどで取り上げられ大きな話題になったものだけでも、大阪IR（統合型リゾート）の広報資料 01 に奈良美智と村上隆の作品が無断使用された問題 02 、内閣府の性暴力被害予防月間のポスター 03 がイラストレーターたなかみさきの作品 04 と酷似しているとの指摘がされ取りやめになった問題、ミヤシタパークに設置されていた吉田朗の作品が無断改変された問題 05 など多数の事例をあげることができます。

01 大阪IR広報資料で使用された資料の一部

出典：「大阪のIR、奈良美智らの作品を無断使用か。『許可自体を求められたこともない』」ウェブ版美術手帖（2023年4月15日）
https://bijutsutecho.com/magazine/news/headline/27055

02 奈良美智「あおもり犬」

出典：青森県立美術館ウェブサイト
https://www.aomori-museum.jp/about/

これらの著作権トラブルには一つの傾向が見られます。それは「インターネットが大きく関与している」点です。

2023年4月に報道されたのは、合同会社日本MGMリゾーツと大阪IR株式会社が共同出資する大阪IR（統合型リゾート）の広報資料に現代美術作家の奈良美智と村上隆の作品が無断使用された問題です。奈良美智がX（旧Twitter）で「使用を許可したこともない、というか許可自体を求められたこともない」、と指摘したことを契機に広くメディアで取り上げられ、批判されました。その後、2023年8月には調査の結果、日本MGMリゾーツは権利者から使用許諾を得ることなく使用したことを認め、謝罪しました。

また、2023年4月には、内閣府が性暴力被害予防月間のポスター 03 を発表したところ、イラストレーターの「たなかみさき」の作品 04 と酷似しているとの批判が起こり、使用を取りやめる事案もありました。この件ではポスター制作を受注した凸版印刷株式会社が制作過程でたなかみさきの作品を参考とした事実があったことも報道されています。

Memo

「大阪のIR、奈良美智らの作品を無断使用か。『許可自体を求められたこともない』」ウェブ版美術手帖（2023年4月15日）https://bijutsutecho.com/magazine/news/headline/27055

合同会社日本MGMリゾーツ「大阪IRに関する動画等におけるデザイン等の無断使用について」（2023年8月29日）

Memo

「内閣府、性暴力防止の啓発用ポスター取りやめ『作品が酷似』と指摘」朝日新聞デジタル（2023年4月19日）

03 内閣府性暴力被害予防月間のポスター

出典：「内閣府、性暴力防止の啓発用ポスター取りやめ『作品が酷似』と指摘」朝日新聞デジタル（2023年4月19日）

04 たなかみさき『あ〜ん スケベスケベスケベ!!』（PARCO出版、2020）書影

出典：PARCO出版　https://publishing.parco.jp/books/detail/?id=164

　現在では、仕事でも私生活でも、インターネットは欠かせない存在です。クリエイターにとってもインターネットの世界は、作品を公表したり情報を発信したりして、自分の価値を高める重要な場となっています。一方で、インターネットは誰かが他人の著作権を侵害していないかを全世界のユーザーがチェックする監視ツールとしても機能しています。

　著作権侵害はもちろん、他のクリエイターの作品を軽視する態度はクリエイターとしての信用を大きく傷付けてしまうリスクがあります。このような事態を避けるため、著作権に関する最低限の知識を身に付けておく必要性が高まっています。

● 所有者ができないこともある

　作品を買ったからといって所有者が何でもできるわけではありません。「所有権」と「著作権」は違うことを理解しておかないと思わぬ落とし穴にはまってしまうことになります。

　2023年3月には、渋谷のミヤシタパーク内のホテル最上階のレストランに設置されたアーティスト吉田朗の作品「渋谷猫張り子」がアーティストに無断でラッピングシートを使用してレストラン運営会社により改変されて設置された事案がありました 05 。アーティストからの抗議によって所有者である三井不動産からアーティストに作品は返還されました。

Memo

「ミヤシタパークのアート作品、全く違う姿に　著作権侵害と作者が抗議」朝日新聞デジタル（2023年3月28日）

「作品と所有権の返還、無事達成のお知らせ」渋谷猫張り子ウェブサイト（2023年4月12日）

05 左：吉田朗「渋谷猫張り子」2020
　　右：ラッピングシートを使用して改変された作品

出典：ユカリアート「吉田朗の作品に対して行われた著作権の侵害、無断改変された作品の公開等の問題について。」（2023年2月23日）
https://yukari-art.jp/jp/news-jp/36859/

● 簡単に素材を流用できてしまうからこそ注意が必要

　フリー素材サイトだから使ってもよいだろうと考えて利用条件をよく読まずに使用してしまう。画像検索でイメージにあった写真が見つかったのでそのままイラストにしてしまう。そんなことが簡単にできる環境にあります。そのためか、繰り返し裁判にもなっています（P062参照）。

　flickr投稿写真事件は、flickrに投稿された原告（写真家）の写真をクリエイティブ・コモンズ・ライセンス（BY-SA）に違反して著作者のクレジットを表示せずに被告（起業家養成セミナーの運営等を業務とする株式会社）が自身のウェブサイトで利用したため、著作権侵害で訴えた事案です。ライセンスの内容は、著作者のクレジット（氏名、作品タイトルなど）を表示し、写真を改変した場合には元の作品と同じクリエイティブ・コモンズ・ライセンスで公開することを主な条件として営利目的での二次利用も許可されるものでした。裁判所は、被告の行為が公衆送信権、氏名表示権の侵害にあたると認定しています。

　また、弁護士法人HP写真無断使用事件では、ストックフォトサービスを提供するアマナイメージズが自社で管理する写真素材を許諾なくウェブサイトに使用したとして法律事務所を訴えました 06 。裁判所は、「仮に法律事務所のウェブサイト作成業務担当者が写真素材をフリーサイトから入手したものだとしても、識別情報や権利関係の不明な著作物の利用を控えるべきなのは著作権等を侵害する可能性がある以上当然であり、警告を受けて削除しただけで直ちに責任を免れると解すべき理由もない」、として被告の反論を採用せず、著作権（複製権、公衆送信権）の侵害が認められています。

Memo
東京地判令和3・10・12（令和3（ワ）5285）〔flickr投稿写真事件〕

Memo
東京地判平成27・4・15（平成26（ワ）24391）〔弁護士法人HP写真無断使用事件〕

01　今、権利について知っておくべき理由

06 アマナイメージズの写真1・2

出典：弁護士法人HP写真無断使用事件別紙

同じクリエイターとして、他者が創作した作品に対しては、敬意を払いたいものです。権利についてよく知らずに使ってしまったことで、結果取り返しのつかないことになるかもしれません。

インターネット上では様々な素材が公開されています。簡単に流用できてしまうからこそ、正しい知識を持って何をしてよいか、何をしてはいけないのかを自分で判断しなければなりません。

●契約でトラブルを避けることができる

クリエイターが企業のクライアントのために成果物を制作するときにどれくらい事前に契約書を交わしているでしょうか？　契約書を交わさず、そして条件をきちんと話し合わずに成果物を納品し、後日、成果物の著作権がクリエイターとクライアントのどちらにあるのか争いになったり、クライアントが利用できる範囲について争いになったりするのは典型的な紛争パターンです。

当然ながら争いはお互いに避けたいものです。それなのに、この種の紛争は繰り返し裁判になっています。

クリエイターが納品したデザインがクライアントの商品パッケージに使用され大ヒットしたときに、納品したデザインは著作権侵害だとクライアントが訴えられ商品を回収することになったらどうなるでしょうか。その時、何も契約で責任範囲を決めていなかったら、クライアントから莫大な損害賠償請求をされることもありえます。契約について理解しておくこともクリエイターが身を守るためには欠かせません。

Memo

契約についてはCHAPTER5で取り上げています。

自分の身を守るためにも契約書を交わす癖を付けよう

● **クリエイターが自分で自分の権利を守る時代の到来**

　インターネットの世界は、自分の著作物を無断で複製、改変され、世界中に拡散される危険性が常に存在しています。自分が時間をかけて何度も修正して苦労の末に生み出した著作物を勝手に他人が使用して、しかもそれによって利益を得ていたら、クリエイターはどのような手段をとれるでしょうか？　XやInstagramなどで自分の作品が無断で使用されていたらどうでしょうか？　相手をどうやって見付ければよいでしょうか？　相手が無断使用を認めたときにどれくらいお金を払ってもらえるのでしょうか？　その時になって慌てないように、自分にはどのような権利があるのかを理解して適切な選択ができるとよいでしょう。そのため、例えばP184で解説している少額訴訟など、自分でもできる対抗手段についても知っておくべきです。

Memo

Xなどのインターネットサービスの多くは、著作権侵害をされた場合にプラットフォームに通報する窓口が存在します（P172参照）。

根拠のない批判や反論に屈しないために

　昨今では、クリエイター自身もブログやSNSアカウントを持ち、積極的に自分の作品を公開しています。作品に対する苦情や不満も、直接クリエイターに寄せられるようになってきています。自分が制作した作品が著作権を侵害されたら、SNSのフォロワーなどが直接報告してくれることもあります。逆に、もし自分が制作した作品が著作権を侵害していたら、直接クリエイターに批判がぶつけられることになります。

　自分の作品ではなく、他人の作品に対する言及でもトラブルを招くことがあります。著作権に関する問題について、同業であるデザイナーが意見を発信すれば、他業種の人たちの意見以上に注目され、それに対する異論や反論が寄せられる可能性も高くなります。それらに返答する際に著作権の知識が間違っていれば、さらにその点を指摘され、場合によっては炎上という事態を招きかねません。

　他人の作品に対するトラブルなら、静観することでSNS上のトラブルを避けることもできるでしょう。ですが、自分が発表した作品がSNS上で「盗用だ」と思いがけず指摘されたら、それを黙って静観してはいられません。

> 自分が撮影した写真を無断で転載しているブログを見付けたので運営者に削除を依頼したら「これは私的複製の範囲だから削除する気はない」といわれた（→P060）。
>
> 自分が作った作品とそっくりなロゴを見付けたので抗議をしたら「ロゴに著作権はない」といわれた（→P052）。
>
> イラストを公開したら、SNSで「色使いをパクった盗作だ」といわれた。（→P050）

　こんな言葉を浴びせられた時、あなたは法律に基づいた正しい反論ができますか？

　インターネットで公開した作品は、世界中の誰でも見ることができます。その大半は、クリエイターの視点とは違う、一般の人たちの視点です。クリエイターの目で見れば「似ていない」と確信できても、一般の人の目には「似ている」と見えてしまう。そのようなケースは数え切れないほど存在します。そして、その「似ている」と言い出した人が、大きな発信力と影響力を持つ人だったら、と考えてみてください。

オリジナルの作品を「パクりだ」と非難されたら、誰だってショックを受けます

インターネット上では、「他人の著作権侵害を見つけて糾弾したい」と手ぐすねを引いて待ち構えている人が大勢います。しかも、その人たちが著作権について正確な知識を持っているとは限りません。

インターネットを利用する以上、クリエイターは自分の身を守るためにも、法律上の根拠がある論理的な反論や対処ができなくてはならないのです。

いざという時は頼れる窓口、専門家と連携しよう

前述したように、インターネットが発達した現代において、著作権はクリエイターにとって必須の知識といえます。ですが、著作権法に限らず、法律は非常に複雑で難解です。

本書では、少しでもわかりやすくするため、実例をできるだけ多くあげながら、極力専門用語は省き、現場での対応に視点を置いた解説を心がけています。ですが、それでも「わかりにくい」と感じる部分もあるかもしれません。また、本書では説明しきれていない問題に直面するかもしれません。

本書の中ではAと解説している内容が、他の書籍やウェブサイトではBと解説しているなど、解釈が分かれるケースも十分にありえます。一見似たような内容でも、状況や経緯、そして（類似性の）程度によって、裁判所の判断が真逆になることもあるのです。それは、本書に掲載されている裁判例をご覧になれば、おわかりいただけるでしょう。

もし判断に迷ったら、すべてを自分だけで解決しようとするのではなく、頼れる窓口や専門家と連携しましょう。専門家と話をする上でもクリエイターも著作権の知識を持っていたほうが自分の意見、希望も伝えやすいですし、スムーズな連携が可能になります。

Memo
相談窓口や専門家についての詳細はP172、P180を参照ください。

まとめ

- ●インターネットの登場により権利の問題は大きく変化している。
- ●クリエイターは他者の権利と自分の権利を守らなければならない。
- ●権利のトラブルを防ぐために、著作権の知識と相談するネットワークを持つことが必要。

COLUMN 著作権者の許諾を得ずに著作物を使用できるとき

原則として、他人の著作物を利用する際には著作権者の許諾を得る必要があります。ただ、許諾を得ずに利用できる場面もあります。その例を4つ紹介しましょう。

●①日本の著作権法を適用する条件をみたさない場合

日本の著作権法による保護を受ける著作物（無断で利用できない著作物）は、次のいずれかに該当するものです（著作権法6条）。そのため、次のいずれにも該当しない著作物は日本の著作権法では保護されず、利用に際し、著作権者の許諾を得る必要はありません。

(1) 日本国民が創作した著作物（国籍の条件）
(2) 最初に日本国内で発行（相当数のコピーの頒布）された著作物（外国で最初に発行されたが発行後30日以内に国内で発行されたものを含む）（発行地の条件）
(3) 条約により我が国が保護の義務を負う著作物（条約の条件）

理解が難しいのは「条約の条件」でしょう。この「条約の条件」をみたせば、同盟国の国民の著作物と同盟国で最初に発行された著作物が日本の著作権法で保護されることになります。

具体的には、日本はベルヌ条約、万国著作権条約、TRIPS協定（WTO加盟国に適用）、WIPO著作権条約に加盟しています。ほとんどの国は条約に加盟しており、現状で条約の条件をみたさない国としてはエチオピアとイランがよくあげられます。また、北朝鮮については条約に加盟していても未承認国家であるため「条約により我が国が保護の義務を負う著作物」にあたらないと判断されています（北朝鮮映画事件）。

他方、未承認国というと台湾も保護されないのか、という疑問が浮かぶかもしれません。台湾は独立の関税地域としてWTOに加盟しているため、未承認国かどうかにかかわらず、保護されます。

Memo

最判平成23・12・8民集65・9・3275〔北朝鮮映画事件〕、法曹会編『最高裁判所判例解説民事篇・平成23年度（下）』（法曹会、2014）733頁〔山田真紀〕。

公益社団法人著作権情報センターの「著作権関係条約締結状況」で条約の加盟状況の情報がまとめられています（http://www.cric.or.jp/db/treaty/status.html）。

●②著作権の保護対象にならない著作物

次の著作物については、著作権の保護対象になりません（著作権法13条）。したがって、利用に際し、著作権者の許諾を得る必要はありません。

(1) 憲法その他の法令（地方公共団体の条例、規則を含む。）
(2) 国や地方公共団体又は独立行政法人・地方独立行政法人の告示、訓令、通達など
(3) 裁判所の判決、決定、命令など
(4) (1)から(3)の翻訳物や編集物（国、地方公共団体又は独立行政法人、地方独立行政法人が作成するもの）

●③保護期間が切れている場合

　著作者の死後70年が経過した著作物については、保護期間が切れているので著作権者の許諾は不要です。法人名義の著作物と映画の著作物については公表時より70年が保護期間となっています。ただし、音楽CDに関して著作権は切れても著作隣接権の保護期間が残っている場合など判断が難しい場面はあるため、実際に利用する際には注意が必要です。

> **Memo**
>
> 平成28年改正著作権法により保護期間が50年から70年に延長されました。改正法の施行日である2018年12月30日時点で著作権が存続していた、つまり、1968年以降に亡くなった著作者の著作物の保護期間が70年に延長されることになります。

> **Memo**
>
> 著作権法51条2項。より正確にいうと、著作者の死亡した年の翌年の1月1日から起算されます(57条)。映画や職務著作の公表時についても同様で、公表した年の翌年の1月1日から起算となります。
> ・映画の著作物について著作権法54条1項。
> ・法人名義の著作物について著作権法53条1項。

●④「権利制限規定」による「例外」の場合

　例えば、私的使用のための複製(著作権法30条)、引用(32条1項)、教育、試験のための利用(33条から36条)、図書館等での複製(31条)、聴覚障害者等向けの点字や字幕の作成(37条、37条の2)、報道のための利用(39条から41条)などは「権利制限規定」による「例外」とされ、著作権者の許可は不要です。ただし、あくまでも例外であり、それぞれの規定が定める条件を守ることが必要です。また、権利制限規定によって出所の明示は必要ですし(48条)、目的外の利用はできません(49条)。さらに、著作者人格権を侵害しないよう注意しなければなりません(50条)。権利制限規定といっても無条件の利用を許可しているわけではないので、理解しておきましょう。

COLUMN 「似ている」と「侵害」の距離

　著作権の理解が難しい一つの理由として、著作権侵害なのに問題にならないケースもあれば、著作権侵害ではないのに問題になるケースもある、という点があると思います。つまり、日常生活をしていたり、ニュースや報道を見たりしているだけではなかなか著作権の感覚を正確に掴むことが難しいのです。

　例えば、ご紹介した内閣府のポスターの事案では、確かに作風や雰囲気は似ているのですが、著作権侵害かというとそうではない可能性が高いと考えられます。「作風には著作権が及ばない」と聞いたことがある方もおられるかもしれません。一般の方が「似ている」と感じる範囲と実際に著作権の「侵害」になる範囲には距離があるのです。

　他方で、著作権侵害でなければ問題がないかというと、実際に批判がされ、使用取りやめといった結末に発展していることからもわかるように、そこにもまた一定の距離があります。

　厳密には著作権侵害にならなくても、特に先行作品の作者へのリスペクト（敬意）を欠く使用だと感じれば、世間一般からの批判は免れません。

　もう一つ2021年に報道された事例を紹介します。映画「アンダードッグ」のプロモーションとしてボクシングアートと銘打ったポスターを掲示したのに対し、現代美術家の篠原有司男と所属ギャラリーであるAnomalyがポスター取り下げを求め、ポスターが撤去された事案があります01。

　この事案も共通するのはボクシンググローブを使ってペインティングをするという手法であって、描写の詳細が似ているわけではないので、著作権侵害にはならないでしょう。しかし、世間から批判を浴びたこともあり、ポスターは取り下げに至っています。

01 左：SHIBUYA BOXING ART　右：篠原有司男「Azami（Thistle）」2015

出典：「篠原有司男作品と酷似。『SHIBUYA BOXING ART』の顛末を追う」ウェブ版美術手帖（2021年2月6日）

参考：木村剛大「知っておきたい写真著作権『似ている』と『侵害』の距離」
Forbes JAPAN（2020年11月19日）https://forbesjapan.com/articles/detail/37958

CHAPTER 2

写真・イラスト・デザイン

このCHAPTERでは、ウェブサイトや印刷物などの制作時にトラブルとなりやすい、写真・イラスト・デザインの著作権や商標権などについて解説します。見た目にわかりやすいため、特にトラブルとなりやすい分野です。

私が書きました

木村 剛大（きむら こうだい）
小林・弓削田法律事務所パートナー／弁護士

私が書きました

北村 崇（きたむら たかし）
株式会社FOLIO／フリーランスデザイナー／
Adobe Community Evangelist

私が書きました

角田 綾佳（すみだ あやか）
株式会社キテレツ
デザイナー／イラストレーター

僕が書きました

古賀 海人（こが かいと）
株式会社キテレツ 代表取締役／クリエイティブディレクター／
ウェブ・グラフィックデザイナー／フルスタック開発者

街並みなどで無関係の人が写り込んだ写真は使えないの？

 Q 素材としてクライアントが撮影した写真をもらったけれど、背景に見知らぬ人物が写り込んでしまっている。これを使ったら肖像権侵害になってしまうのでは？

人物の容ぼうに関する権利 ── 肖像権

　人物が写り込んだ写真の場合、問題となるのは人の「肖像権」です。肖像権は法律で規定されているわけではありませんが、判例上認められている権利です。具体的には、「人の有するみだりに自己の容ぼう等を撮影されない法律上保護されるべき人格的利益」のことをいいます。

　勝手に自分の容ぼうを撮影されて他人に使用されたら気持ちのよいものではありませんよね。他方で、人の容ぼうが写っていたら何も使えないのも行き過ぎでしょう。表現行為としては許されるものもあってよいはずです。

　そこで、肖像を無断で撮影、公表する場合に、精神的苦痛が社会通念上受忍すべき限度を超えるときに限って肖像権を侵害して違法である、という基準が裁判所で使われています。

　「精神的苦痛が社会通念上受忍すべき限度を超える」といってもイメージが湧きにくいと思いますので、もう少し具体的に違法となる類型を紹介しましょう。次の3つの類型では違法になると理解しておいてください。

1. 撮影された人の私的領域で撮影しまたは撮影された情報を公表する場合において、撮影情報が公共の利害に関する事項ではないとき
2. 公的領域で撮影しまたは撮影情報を公表する場合において、撮影情報が社会通念上受忍すべき限度を超えて撮影された人を侮辱するものであるとき
3. 公的領域で撮影しまたは撮影情報を公表する場合において、撮影情報が公表されることによって社会通念上受忍すべき限度を超えて平穏に日常生活を送る撮影される人の利益を害するおそれがあるとき

Memo

中島基至「スナップ写真等と肖像権をめぐる法的問題について」判例タイムズ1433号5頁(2017)は、これまでの判例法理を踏まえて違法性の判断基準を類型化する大変有益な文献です。左記の3類型はこの文献の整理に従っています。なお、この3類型に限られるわけではなく、これらの類型に厳密にあてはまらなくても、同程度の精神的苦痛を生じるようであれば違法になります。

では、それぞれの類型にあたるかについて判断する際の
ポイントを簡単に解説します。

● 写っている人が特定できるか

人物が写り込んでしまった場合、まず確認しなければいけないのは「写っている人物が誰か判別できるか」です。

これは顔が判別できるかはもちろんですが、顔がはっきり見えていない状況でも、服装(例えばスポーツ選手のユニフォーム姿、特徴的なファッション)などの特徴も含め、複合的に「特定できる可能性があるか」を考える必要があります。

一般的には、写っている状況が「遠くてはっきりわからない」、「一部だけが写り込んでいる」、「不特定多数の中の一部」などであれば、肖像権の侵害を訴えられることはまずないでしょう。

● 写した場所や状況

写した場所が観光地や公園、イベント会場などの公的領域であって、多くの人が集まる場所である場合は、個人が特定しにくいことに加え、多くの人が「その場で撮影が行われるであろうことが予測できる」状況ともいえます。

このような「人が集まる場所」、かつ、「撮影が予想できる状況」で撮影されて写り込んだ人物写真は、そもそも撮られた側の人もそれを容認していると考えられます。そのため、原則としてはこちらも肖像権の侵害で問題になることはほとんどないでしょう。ただ、海水浴場での水着姿など、公の場でも写真撮影を容認しているとは思われない場面もあります。

他方で、家の中などの私的領域では、撮影される人は撮影されることを予測していたり、容認していたりといったことは普通はないはずです。

やや古い裁判ですが、作家井上ひさしの交際相手としてマスコミにとりあげられていた私人が自宅内の台所で料理しているところを週刊フライデーのカメラマンが夜間に塀の外から背伸びをして無断で写真撮影した上、フライデーに掲載したという事案で、裁判所は不法行為を認めています。私的領域での撮影は、撮影される人と撮影場所の所有者の許可を取るようにしましょう。

Memo

- 東京高判平成2・7・24判時1356・90〔作家交際相手写真事件控訴審〕
- 東京地判平成元6・23判時1319・132〔作家交際相手写真事件第一審〕

● 写真のメインビジュアルであるとき

　私的領域でも撮影情報が公共の利害に関する事項である場合は肖像権の侵害にならないケースもありえます。公共の利害に関する事項というのは、例えば公職にある人や刑事事件の被告人に関する報道のためなどのことを指しています。

　公的領域でも、一人の人物をメインとして撮影した写真、また、たとえ多くの人物が写り込んでいる状況でも、写真の中心、つまり構図のメインに人物が写り込んでしまった場合は、クレームが起きやすいため、被写体に配慮して許諾を得ることをおすすめします。

　商用で使われる場合、人物が写真やデザインの構図の中心になるときは、その人物がサービスや商品のイメージを表すキャラクターの役割があります。サービスや商品のイメージに無関係な人物を使用してしまうと、その人の価値や印象にまで影響を与えてしまうおそれもあります。必ずしも侮辱的な写真、平穏な日常生活を害するような写真とは思えなくても、トラブルを避けるために被写体の許諾を取るほうが安心です。

　また、子どもが写っている場合にもトラブルになりやすいので、より慎重に配慮をして本人と親権者の許可をもらうようにしましょう。

　なお、撮影した写真が使用できるかどうかの簡単なフローチャート 01 を用意したので、参考にしてください。

01 使用可・不可フローチャート

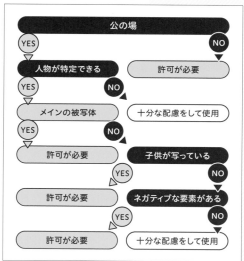

また、参考になる資料としてデジタルアーカイブ学会「肖像権ガイドライン」 があります。このガイドラインは、写真の公開による被写体への精神的な影響をポイント計算して公開に適するかを判断できるようにするために考慮要素が整理されています。以下は抜粋ですので、詳細は肖像権ガイドラインを参照してください。

02 デジタルアーカイブ学会「肖像権ガイドライン」

0 点以上 ブルー	公開に適する
マイナス 1 点〜マイナス 15 点 イエロー	下記のいずれかの方法であれば公開に適する ・公開範囲を限定（例：館内、部数限定の研究館など） ・マスキング
マイナス 16 点〜マイナス 30 点 オレンジ	下記のいずれかの方法であれば公開に適する ・厳重なアクセス管理（例：事前申込の研究者のみ閲覧） ・マスキング
マイナス 31 点以下 グレー	下記の方法であれば公開に適する ・マスキング

1 被撮影者の社会的地位（以下、複数該当の場合は合算する。不明な場合は 0 点で入力）
- □ 公人（例：政治家）(+20)
- □ 著名人（例：俳優、芸術家、スポーツ選手）(+10)
- □ 16歳未満の一般人 (-20)
  ※ ただし保護者の撮影に対する同意が推定できる場合は減点しない
- □ 有罪識者者 (+5)
- □ 元被疑者で逮捕・摘発の報道から10年経過 (-10)
- □ 被疑者・刑事被告人の家族 (-10)
- □ 事件の被害者とその家族 (-5)

2 被撮影者の活動内容
2-1 活動の種類
- □ 公務、公的行事 (+10)
- □ 歴史的事件、歴史的行事（例：オリンピック、万博）(+20)
- □ 社会性のある事件（歴史的とまでは言えないもの）(+10)
- □ 公開イベント（例：お祭り、運動会、ライブ、セミナー）(+5)
- □ 公共へのアピール行為（例：街頭デモ、記者会見）(+10)
- □ センシティブなイベント（例：宗教、闘礼、LGBTQ）(-5)

2-2 被撮影者の立場
- □ 業務・当事者としての参加（例：出演者、コンパニオン等のイベントスタッフ）(+5)

出典：デジタルアーカイブ学会「肖像権ガイドライン」(2023年4月補訂)
https://digitalarchivejapan.org/bukai/legal/shozoken-guideline/

- □ 私生活・業務外 (-10)
- □ 社会的偏見につながり得る情報（例：風俗業・屠殺場への従事、ハンセン病関連）(-15)

3 撮影の場所
- □ 公共の場（例：道路、公園）(+15)
- □ 撮影を予定している場所（例：相撲の升席）
- □ 管理者により撮影が禁止されている場所（例：コンサート会場、寺社）(-5)
- □ 自宅内、ホテル個室内、避難所内 (-10)
  ※ ただし立入りを容認していると推定できる場合は減点しない
- □ 病院、静養場 (-15)

4 撮影の態様
4-1 写り方
- □ 多人数 (-10)
- □ 特定の人物に焦点を当てず (+10)
- □ 大写し (-10)
- □ 画質が悪く容ぼう・姿態を判別しづらい (+10)

4-2 撮影状況
- □ 撮影承諾の意思を推定可能（例：カメラにピースサイン、笑顔）(+5)
  ※ プロカメラマンによる委託のように、撮影者と被写体の関係性から承諾を推定できる場合も含む
- □ 偏られた認識なし (-10)
- □ 撮影拒絶の意思表示（例：手でカメラを遮ろうとする）(-20)
- □ 公開を前提としないプライベート撮影（例：家族、友人同士等による撮影）(-10)

4-3 被写体の状況
- □ 遺体、重傷 (-20)
- □ 水着など肌の露出大 (-10)
- □ 性器、乳房 (-20)
- □ 身体拘束（例：手錠・縄縄）(-10)
- □ 一般的に羞恥心をおぼえる状況（例：悲酔、嘔吐、悲嘆、事故の最中）(-5)

5 写真の出典
- □ 刊行物（例：新聞、書籍、公的文献）等で公表された写真 (+10)
- □ 作品として展示・公表された写真 (+10)
- □ 被写体本人または遺族から提供されたもの (+15)
- □ 遺族が存在しない故人に関する写真 (+80)
- □ 代替性のない写真 (+10)

6 撮影の時期
- □ 撮影後 50 年以上経過 (+40)
- □ 撮影後 40 年経過 (+30)
- □ 撮影後 30 年経過 (+20)
- □ 撮影後 20 年経過 (+10)
  ※ 撮影後 50 年を超える場合は、ガイドライン利用者の判断できない加点を設けることを妨げない（例：撮影後 70 年以上で +60 等）

合計点

 まとめ

- ✓個人が特定できない写真であれば肖像権が問題になることはまずない。
- ✓公の場での写真でも、人物がメインの被写体として写り込んでいる写真を利用する場合は、被写体の許可を得たほうがよい。
- ✓子どもが写り込んでいる場合もトラブルになりやすいので、より慎重に本人と親権者の許可を得るようにしよう。

SECTION 02 似顔絵の著作権と人の容ぼうに関する権利

Q 私はイラストレーターです。書籍用に著者の似顔絵のイラストを描いたけど、これって勝手にSNSにアップしていいの? モデルの肖像権とかは関係ない?

似顔絵のイラストの権利関係はややこしい

著作権は著作物を創作した人が持ちます。他人の似顔絵であっても似顔絵の「著作権」は描いたイラストレーターにあります。

一方、モデルとなった人にも「肖像権」があります。「肖像権」とは、法律で定められた権利ではありません。しかし、判例上、「人は、みだりに自己の容ぼう等を撮影されない法律上保護されるべき人格的利益を有する」とされており、このような人格的利益を「肖像権」と呼んでいます。写真撮影だけではなくイラストについても(写真に比べて描写に作者の主観や技術が反映し、受け取る側もそれを前提とした受け取り方をするという違いはありますが)、肖像権の対象になることに変わりがありません。

このように、似顔絵のイラストには、イラストレーターの著作権、モデルとなった人の肖像権、という2つの権利が混在していることになります。

似顔絵は、「本人と特定できるか」がポイントとなります。作者の主観や独自性によって、デフォルメして描かれた似顔絵は、写真のように「本人をそっくりそのまま写した」ものではありません。そのため、似顔絵によって「肖像権の侵害」が起こる可能性は写真に比べれば低いでしょう。

しかし、頼んで描いてもらった似顔絵でも、思わぬところで自分の顔が公開されてしまうと気持ちがよいものではありません。例えば、イベントで描いた似顔絵を「自分の制作事例としてポートフォリオにアップしたい」という場合は、無用のトラブルを防ぐためにも、事前にモデルとなった人から許可を得ておくべきでしょう。

頼まれて描いた似顔絵ではなく、例えば「街で見かけた人の似顔絵を描いてSNSにアップした」場合、人の顔の特

Memo

最判平成17・11・10民集59・9・2428〔林真須美肖像権事件〕では、刑事事件の被告人が法廷で手錠、腰縄により身体拘束されている容ぼうを描いたイラストを写真週刊誌が掲載し、公表した行為について不法行為として違法と判断しています。

Memo

東京地判平成17・9・27判時1917・101〔先端ファッションウェブ掲載事件〕では、女性が銀座の横断歩道を歩いていたところ、彼女の承諾なく、ファッション情報サイトの撮影担当者が容ぼうを含む全体像を写真撮影し、ウェブサイトの「Tokyo Street Style〔銀座〕」のページに掲載しました。その女性は撮影されたことに気付いていませんでした。この事案では、裁判所は、被写体に強い心理的負担を与えるといって女性の肖像権を侵害すると判断し、慰謝料と弁護士費用として合計35万円の支払いを命じています。

徴、見かけた場所や洋服やカバンなど本人を特定できるような似顔絵を本人に無断で描き、ウェブ上にアップロードして公表するのは、肖像権の侵害にあたる可能性があるので注意しましょう。

芸能人、有名人のパブリシティ権に注意

人の容ぼうには、みだりに撮影されたりイラストに描かれたりしない人格的利益の他に、財産的な価値があることもあります。芸能人や有名人はまさにその人の容ぼうなどの財産的価値によって仕事をしています。このような肖像の持つ財産的な側面は「パブリシティ権」と呼ばれます。「パブリシティ権」とは、人の氏名、肖像等が商品の販売等を促進する顧客吸引力を有する場合に、この顧客吸引力を排他的に利用する権利のことです（ピンク・レディー事件）。芸能人やアーティストなどの有名人は、その容姿も商品価値であり財産です。その財産的価値のある氏名、写真やイラストを無断で利用すると「パブリシティ権」の侵害になります。侵害になる場面としては、以下の3つのように専ら肖像等の有する顧客吸引力の利用を目的とする場合をいうとピンク・レディー事件で述べられています。

> ①肖像等それ自体を独立して鑑賞の対象となる商品等として使用するとき
> ②商品等の差別化を図る目的で肖像等を商品等に付すとき
> ③肖像等を商品等の広告として使用するとき

例えば、「雑誌の挿絵として小さく使用する」場合はパブリシティ権の侵害となる可能性は低いですが、「似顔絵をプリントしたTシャツを販売する」場合は、パブリシティ権の侵害にあたる可能性が高くなります。

まとめ
- ✔似顔絵では「著作権」に加え「肖像権」も関係してくる。
- ✔芸能人、有名人の似顔絵は「パブリシティ権」も関係するので、無断で商用利用はできない。
- ✔似顔絵を描く際はモデルとなる人の許可を得て、利用方法について事前に合意しておくようにする。

Memo
最判平成24・2・2民集66・2・89〔ピンク・レディー事件〕

Memo
①例：ブロマイド、グラビア写真
②例：キャラクター商品
③例：CM

SECTION 03 動物園や水族館の生き物の写真って使ってもいいの？

水族館で自分が撮影した生き物の写真や動画を使って、自社のウェブサービス用の素材にしたいけど、水族館は公共のものだから許可は不要ですよね？

動物の権利

●動物を撮影しても所有権の侵害にはならない

動物は、法律上「物」のうち「動産」扱いとなり（民法85条、86条2項）、所有権の対象です。この所有権は、物自体を物理的に支配する権利のことをいいます。そのため、写真撮影などの「物の物理的な支配に影響しない使用」は、所有権の侵害にはなりません（かえでの木事件）。

●動物自体は著作物ではない

動物の写真や絵画、彫刻であれば別ですが、生きている動物自体は著作物ではないので、著作権法でも保護されません。したがって、動物の写真を撮影したとしても、著作権侵害にもなりません。

●動物には肖像権がない

人の場合は、肖像権、有名人のときにはパブリシティ権という権利が判例上認められています。人は、みだりに自己の容ぼう等を撮影されない法律上保護されるべき人格的利益を有しています。このような人格的利益のことを「肖像権」と呼んでいます。上記で解説したように動物は法律上「物」として扱われますので、人に特有の人格的な利益はありません。つまり動物に肖像権はありません。

●動物にはパブリシティ権も認められていない

「パブリシティ権」は、人の氏名、肖像等が商品の販売等を促進する顧客吸引力を有する場合に、この顧客吸引力を排他的に利用する権利のことです。ここでも、「人の」とあるように、動物の名前や肖像にはパブリシティ権は認められていません（ギャロップレーサー事件）。

> **Memo**
> 東京地判平成14・7・3判タ1102・175〔かえでの木事件〕

> **Memo**
> 最判平成16・2・13民集58・2・311〔ギャロップレーサー事件〕では、競走馬の名称の無断利用について動物のパブリシティ権は否定されています。肖像権、パブリシティ権についてはP027も参照してください。

施設の管理権には注意

　動物の権利について考えると、特に撮影しても問題なさそうです。しかし、別途施設の管理権には注意する必要があります。水族館や動物園の施設の所有者は、施設を管理するためにルールを設けることができます。これは民間の施設でも公共の施設でも違いはありません。最近は写真撮影が可能な施設も増えてきましたが、美術館では写真撮影禁止の展覧会もあります。これも美術館の施設の管理権を根拠にルールを設定しているのです。

　したがって、水族館や動物園の動物の写真を撮影する場合には、その水族館、動物園に撮影を禁じるようなルールが設定されているのか、そのルールに違反するかという契約の問題は生じることになります。

動物園や水族館内での撮影のルール

● 個人利用が目的の撮影

　多くの施設では写真撮影についての記載がウェブサイトやパンフレットなどに記載されています。ほとんどの場合、そこには「記念撮影などの個人での鑑賞目的での撮影に関しては問題ない」と書かれていることでしょう。

　ただし、動物園や水族館は生き物の生息環境を再現するために、様々な設備、環境が作られています。そのため、動物が驚くようなフラッシュ撮影は多くの施設で禁止されています。また、撮影機材として三脚など大きな設備の持ち込みを禁止していることも多く、スペースを取るものは他のお客様や運営の妨害と判断され、禁止されていると思ったほうがよいでしょう。

　ウェブサイトやブログなど、インターネット上に公開する場合、写真の枚数やサイズ、写り込んだ被写体（展示物などを含める）の判別ができるかできないかなどに基準を設けていることがあります。

　個人利用でも、施設の規約によっては配布や閲覧で一定数を超える利用がある場合は利用料がかかることもあります。

また、個人利用や所定の枚数の範囲内でも、「不特定多数への配布」を禁止していることもあります。

不特定多数とは、インターネット上にアップする行為も含まれます。XなどSNSにアップロードする場合もこれにあたります。無償で提供、閲覧するだけの写真でも、禁止事項に明記されているときには規約違反になるので注意しましょう。

●商用利用、業務上の撮影

サービス内で写真を使用する場合や、ダウンロードのできる二次利用、CMや広告などを含め、有償、無償を問わず、業務として撮影されるような場合は施設の許可が通常必要です。例えば、和歌山県南紀白浜のアドベンチャーワールドでは、「ご来園の際に撮られた写真やビデオ等の映像を商業利用する場合は、事前に当園の承認が必要です。」と明記されています 01 。また、沖縄県の美ら海水族館でも、業務撮影に関しては事前の許可申請が求められています 02 。

一見すると個人利用と判断してしまいそうですが、YouTubeなども商用の利用になる可能性があります。

営利目的とされる写真の利用には利用料が発生する可能性が高いので、「どこの施設かわからなければいいだろう」というような判断は危険です。必ず施設に相談し、利用範囲、期限、費用などを確認しましょう。

 01 アドベンチャーワールド「よくあるご質問」

> **アドベンチャーワールドからのお願い**
>
> Q1
>
> ● 全てのライブ及びアトラクション、ツアーは動物の体調や悪天候によって、予告なく中止・変更する場合がございます。また、予告なく、料金の改定がある場合がございます。予めご了承ください。
>
> ● お客様の個人情報につきましては、当社「個人情報保護方針」に基づき、安全対策に必要かつ適切な措置を講じておりますので、ご理解のほどお願いいたします。
>
> ● 安全のため、利用制限のあるアトラクションがございます。会場にてご確認ください。
>
> ● パーク内でのお客様ご自身の不注意による事故につきましては、責任を負いかねます。
>
> ● パーク内では全てのお客様に快適にお過ごしいただくため、全面禁煙を実施しています。何卒ご理解、ご協力をよろしくお願いいたします。
>
> ● ご来園中、当園のスタッフや当園の撮影許可を得た者が、お客様の姿を写真に撮ったり、ビデオ撮影する場合があります。ご来園いただきましたお客様は、当園の入園をもって当園及びその関係団体に本人の映像使用を承諾いただいたものとさせていただきます。
>
> ● ご来園の際に撮られた写真やビデオ等の映像を商業使用する場合は、事前に当園の承認が必要です。
>
> ● 他のお客様のご迷惑となる撮影および配信についてはご遠慮ください。
>
> ● パーク内での無線機の使用については、事前に当園の承認が必要です。
>
> 詳しい利用約款をご覧になりたい方はこちら

http://www.aws-s.com/guide/faq/

02 美ら海水族館「館内の撮影について」

> **Q.** 水族館内での撮影は自由ですか?
>
> **A.** 個人的な写真撮影であれば、他のお客様のご迷惑にならない範囲(大きな機材で場所を占有しない等)での撮影は
> 自由です。また館内の制限が設けられていないエリアではフラッシュを使ってもかまいません。ビデオライト等、長時間
> 発光するライトについては、ご使用をお控えください。雑誌・TVなどの業務撮影は、事前に海洋博公園管理センター
> (沖縄美ら海水族館 TEL 0980-48-3748)まで撮影申請をお願いします。
>
> ### 飼育生物に対するフラッシュの影響について
>
> 光による刺激は生物に対して影響を与えることがあります。当館では、フラッシュ光がアクリル面での反射、および水
> 中透過時に減衰することから、安全性を確認した上でフラッシュ撮影を可能としております(一部の水槽を除く)。
>
> [撮影ポイント・上手な撮影のしかた]
> [業務撮影を行いたい場合]

https://churaumi.okinawa/faq/

> **まとめ**
> ❤動物には、肖像権、パブリシティ権など人に特有の人格的利益は認められていない。
> ❤サービスや業務で利用する目的での撮影は施設の管理権の関係で通常は施設の許可が必要。
> ❤トラブルを避けるために、判断に迷うようであれば施設に直接問い合わせてルールを事前に確認するようにしよう。

SECTION 04 東京スカイツリーなどの写真を利用する際は許可が必要?

東京をイメージするデザインを作るために、東京スカイツリーの写真を撮影して素材として使用したい。こういう時って、建物の持ち主に許可を取らなきゃだめ?

CHAPTER 2 写真・イラスト・デザイン

建築の著作物の自由利用

　一般住宅など、ごく一般的な建造物については著作権を気にする必要はありません。ただ、創造的・美術的な建造物は、それ自体が絵画などの美術品と同じように著作権が発生します。

　ではもし東京スカイツリーが創造的・美術的な建造物として著作物になる場合、写真撮影をすると複製権の侵害となってしまうのでしょうか?

　著作権法は一般人の行動を過度に制約しないように原則として自由利用できるという規定を設けています(著作権法46条)。

第46条(公開の美術の著作物等の利用)
美術の著作物でその原作品が前条第二項に規定する屋外の場所に恒常的に設置されているもの又は建築の著作物は、次に掲げる場合を除き、いずれの方法によるかを問わず、利用することができる。
一　彫刻を増製し、又はその増製物の譲渡により公衆に提供する場合
二　建築の著作物を建築により複製し、又はその複製物の譲渡により公衆に提供する場合
三　前条第二項に規定する屋外の場所に恒常的に設置するために複製する場合
四　専ら美術の著作物の複製物の販売を目的として複製し、又はその複製物を販売する場合

　原則として建築の著作物は方法を問わず自由に使用してOK(46条はしら書き)、でも上の4つのケースに該当する場合はダメだよ(46条1号〜4号)、という内容です。

Memo

著作権法10条1項5号は、著作物の例示として「建築の著作物」をあげています。ただ、著作権法では「建築の著作物」についての定義はありません。裁判所は、一般住宅の水準では足りず、いわゆる建築芸術と見られる芸術性、美術性を求めています。大阪地判平成15・10・30判時1861・110〔グルニエ・ダイン事件〕

Memo

ここでいう「前条第二項に規定する屋外の場所」については、45条2項で次のように規定しています。

第45条(美術の著作物等の原作品の所有者による展示)
2 前項の規定は、美術の著作物の原作品を街路、公園その他一般公衆に開放されている屋外の場所又は建造物の外壁その他一般公衆の見やすい屋外の場所に恒常的に設置する場合には、適用しない。

この規定によれば、たとえ著作権のある建築物でも、写真として撮影するだけであれば、著作権法46条はしら書きの自由利用の範囲であり、特に問題はありません。

自由に利用できない場合

「著作権者に与える影響が大きいだろう」ということで自由利用が禁じられているのは、建築物を建築により複製する（46条2号）、つまり無断で建築物を建設するようなケースです。それ以外は、例えば、建築物のミニチュアを作成することも著作権法上は自由に行うことができます。商用利用でも同様です。ただし、一般人の行動を過度に制約しないようにするという条文の趣旨から、自由利用の対象は建築物の外観のみで、内部まで複製することを認めるわけではないため、注意しましょう。

> **Memo**
>
> 半田正夫＝松田政行編『著作権法コンメンタール2〔第2版〕』（勁草書房、2015）460頁〔前田哲男〕。なお、建築物の外観に限られないという見解もあります（『条解著作権法』（弘文堂、2023）520-521頁〔奥邨弘司〕）。

商標登録の有無に注意

著作権は問題ないとしても、商標には注意が必要です。例えば、東京スカイツリーは、その名称、ロゴ、シルエット、立体形状などが商標として登録されています（商標登録第5143175号、商標登録第5822813号 01 、商標登録第5476769号 02 、商標登録第511134号 03 など）。

登録商標は、指定商品との関係で商標の使用を独占するという制度です。ランドマークに使用されるような建造物は、東京スカイツリーと同様に商標登録されているケースがあるので注意が必要です。

スカイツリーのような誰でもわかるランドマークの建物で、建物の写真を使ってはいけないわけではありません。問題は名称、ロゴ、シルエットや立体形状などが商標として登録されていることがある点です。写真やイラストを利用する際はこの商標を侵害してはいけません。

> **Memo**
>
> 「東京スカイツリー」（名称）商標登録第5143175号

> **Memo**
>
> 東京スカイツリーの場合は、「東京スカイツリー知的財産使用に関するお問い合わせ」ページで問い合わせを受け付けています。
> http://www.tokyo-skytree.jp/property/

 COLUMN 「太陽の塔」は建築物？

　大阪の万博記念公園に設置されている岡本太郎「太陽の塔」は、いわば「大きい美術著作物」であって、建築著作物ではないという解釈もあります（阿部浩二「建築の著作物をめぐる諸問題について」コピライト467号（2000）16頁）。「美術の著作物」とも「建築の著作物」とも解釈されうる著作物については、著作権法46条4号、つまり、専ら販売目的での複製が許容されるかどうか違いが出てくるため、その利用には慎重な判断が必要です。

01 商標登録第5822813号

（190）【発行国】日本国特許庁（ＪＰ）
（450）【発行日】平成28年3月1日（2016.3.1）
【公報種別】商標公報
（111）【登録番号】商標登録第5822813号（T5822813）
（151）【登録日】平成28年1月29日（2016.1.29）
（540）【登録商標】

02 商標登録第5476769号

（190）【発行国】日本国特許庁（ＪＰ）
（450）【発行日】平成24年4月10日（2012.4.10）
【公報種別】商標公報
（111）【登録番号】商標登録第5476769号（T5476769）
（151）【登録日】平成24年3月9日（2012.3.9）
（540）【登録商標】
（554）【立体商標】
（500）【商品及び役務の区分の数】14
（511）【商品及び役務の区分並びに指定商品又は指定役務】

03 商標登録第511134号

（190）【発行国】日本国特許庁（ＪＰ）
（450）【発行日】平成20年3月18日（2008.3.18）
【公報種別】商標公報
（111）【登録番号】商標登録第5111134号（T5111134）
（151）【登録日】平成20年2月15日（2008.2.15）
（540）【登録商標】

（500）【商品及び役務の区分の数】5
（511）【商品及び役務の区分並びに指定商品又は指定役務】
第9類 耳栓，自動販売機，消火器，消火栓，消火ホース用ノズル，スプリ
ンクラー消火装置，測定機械器具，電池，電子応用機械器具及びその部品，
レコード，メトロノーム，電子楽器用自動演奏プログラムを記憶させた電子
回路及びCD－ROM，インターネットを利用して受信し・及び保存すること
ができる音楽ファイル
第20類 ネームプレート及び標札（金属製のものを除く。），郵便受け（金属
製又は石製のものを除く。），買物かご，屋内用ブラインド，すだれ，装飾用
ビーズカーテン，食品見本模型，揺りかご，幼児用歩行器，石こう製彫刻，
プラスチック製彫刻，木製彫刻
第21類 携帯用アイスボックス，米びつ，食品保存用ガラス瓶，水筒，魔
法瓶，ろうそく消し，ろうそく立て，洋服ブラシ，貯金箱（金属製のものを
除く。），お守り，おみくじ，香炉，靴ブラシ，靴べら，靴磨き布，軽便靴ク
リーナー，シューツリー
第29類 乳製品，食肉，卵，冷凍野菜，冷凍果実，加工卵，食用たんぱく
第30類 茶，コーヒー及びココア，氷，アイスクリームのもと，シャーベット
のもと，アーモンドペースト，イーストパウダー，こうじ，酵母，ベーキング
パウダー，即席菓子のもと
【国際分類第9版】
（210）【出願番号】商願2007－123590（T2007－123590）
（220）【出願日】平成19年4月11日（2007.4.11）
（641）【分割の表示】商願2007－35513（T2007－35513）の分割
（732）【商標権者】
【識別番号】591254682
【氏名又は名称】東武鉄道株式会社

まとめ

✅特定の建築物を撮影して素材として利用しても著作権法上は問題ない。

✅写真をベースにどのような素材をどの商品に使用するかによっては商標権を侵害す
るおそれがある。

✅商標権の判断は難しいので専門家に相談するなど慎重に検討すべき。

SECTION 05 キャラクターグッズが写り込んでいる写真は利用できる?

Q イベントの風景を撮影したら後ろに有名キャラクターも写っていた。これって権利を侵害しているから使えないの? もしかしてモザイクをかけなくちゃダメ?

写り込みは問題ないがメインで撮影する場合には許可が必要

写真やビデオを撮影する際には、背景に著作物であるキャラクターなどが、どうしても写り込んでしまうことがあります。単に写り込んでしまっただけなら「付随対象著作物の利用（著作権法30条の2）」として写真の撮影は認められる可能性があります。また、そのように撮影した写真の利用も基本的には著作権侵害にはなりません。

このようなケースの典型例は、「本来撮影すべき被写体に付随して『意図せず写り込んだ』」場合です。

> **Memo**
>
> 「付随対象著作物の利用（著作権法30条の2）」は、撮影した写真をブログにアップすることが広く一般化したことなどから、平成24年改正著作権法により追加され、令和2年改正著作権法により範囲が緩和されました。

第30条の2（付随対象著作物の利用）

1. 付随対象著作物：写真の撮影、録音、録画、放送その他これらと同様に事物の影像又は音を複製し、又は複製を伴うことなく伝達する行為（以下…「複製伝達行為」という。）を行うに当たって、その対象とする事物又は音（以下…「複製伝達対象事物等」という。）に付随して対象となる事物又は音（複製伝達対象事物等の一部を構成するものとして対象となる事物又は音を含む。以下…「付随対象事物等」という。）に係る著作物（当該複製伝達行為により作成され、又は伝達されるもの（以下…「作成伝達物」という。）のうち当該著作物の占める割合、当該作成伝達物における当該著作物の再製の精度その他の要素に照らし当該作成伝達物において当該著作物が軽微な構成部分となる場合における当該著作物に限る。以下…「付随対象著作物」という。）は、

> **Memo**
>
> スクリーンショットやライブ配信行為も対象になります。

正当な範囲：当該付随対象著作物の利用により利益を得る目的の有無、当該付随対象事物等の当該複製伝達対象事物等からの分離の困難性の程度、当該作成伝達物において当該付随対象著作物が果たす役割その他の要素に照らし正当な範囲内において、当該複製伝達行為に伴って、

利用方法：いずれの方法によるかを問わず、利用することができる。

ただし書き（例外）：ただし、当該付随対象著作物の種類及び用途並びに当該利用の態様に照らし著作権者の利益を不当に害することとなる場合は、この限りでない。

2. 前項の規定により利用された付随対象著作物は、当該付随対象著作物に係る作成伝達物の利用に伴って、いずれの方法によるかを問わず、利用することができる。ただし、当該付随対象著作物の種類及び用途並びに当該利用の態様に照らし著作権者の利益を不当に害することとなる場合は、この限りでない。

「写り込み」とされる場合

・写真を撮影したところ、本来意図した撮影対象だけでなく、背景に小さくポスターや絵画が写り込む場合

・街角の風景をビデオ収録したところ、本来意図した収録対象だけでなく、ポスター、絵画や街中で流れていた音楽がたまたま録り込まれる場合

・絵画が背景に小さく写り込んだ写真を、ブログに掲載する場合

・ポスター、絵画や街中で流れていた音楽がたまたま録り込まれた映像を、放送やインターネット送信する場合

Memo

①メインの被写体と写り込む著作物が別個の場合で、典型的な写り込みの場面です。

Memo

②いわゆる「雑踏事例」と呼ばれる広い被写体のなかに著作物が含まれる場面です。

意図せず写り込んだいわゆる「写り込み」に限らず、被写体として写ってしまうことを認識しつつ行われる「写し込み」も、著作権法30条の2第1項を適用することは可能です。

ただし、メインの被写体に付随して対象になる著作物であり、かつ、軽微な構成部分になるものでなければ、著作権法30条の2第1項の適用はありません。あくまでメインの被写体ではない場合に限ります。

Memo

松田政行編『著作権法コンメンタール別冊平成 30 年・令和 2 年改正解説』(勁草書房、2022) 215頁〔大野雅史〕。

写り込みの範囲を超えて著作権侵害となりうるケース

令和2年改正著作権法により付随対象著作物の利用と認められるために、被写体と著作物を分離するのが困難なときという要件は必要なくなりました。しかし、付随対象著作物の利用は、「正当な範囲」でなければいけません。

次のようなシーンでは、「著作物を写り込ませるのがメイン」になっており、原則どおり著作権侵害となります。

「著作権侵害」とされる場合

・本来の撮影対象として、ポスターや絵画を撮影した写真を、ブログに掲載する場合

・テレビドラマのセットとして、重要なシーンで視聴者に積極的に見せる意図をもって絵画を設置し、これをビデオ収録した映像を、放送やインターネット送信する場合

・漫画のキャラクターの顧客吸引力を利用する態様で、写真の本来の撮影対象に付随して漫画のキャラクターが写り込んでいる写真をステッカー等として販売する場合

出典：文化庁「いわゆる『写り込み』等に係る規定の
整備について」（http://www.bunka.go.jp/seisaku/
chosakuken/hokaisei/utsurikomi.html）

仕事として写真を使用する場合、著作物は避けるのがベター

　広告やウェブサイトのデザインに利用する写真を撮影する場合、著作物が「それがメインの被写体であるかのように」大きく写り込んでしまうと、著作物を複製したとして著作権侵害になるおそれがあります。無用なトラブルを防ぐために、撮影の際には背景や小道具として、壁にかかる絵などが写り込まないように注意するのがベターです。

● 写り込みに関する裁判例（雪月花事件）

　写り込みに関する有名な事件として雪月花事件という実際の裁判例があります。この事件では、照明器具の広告宣伝用カタログに書家の作品「雪月花」（この他複数の作品）が写っていたことから 01 、書家が著作権侵害を主張して裁判になりました。

　被告となった会社は、住宅会社が展示していたモデルハウスの和室を利用して撮影をしましたが、そのモデルハウス内に、住宅会社が、原告となった書家の作品を配置していたために、カタログにも書家の作品が掲載されました。

　この事件では、結論として著作権侵害にはならないという裁判所の判断が出ました。理由は、被告のカタログに掲載された写真からは、原告作品の美的要素となっている墨の濃淡、かすれ具合、筆の勢い等は感得できない、というものです。

　しかし、このような裁判所の判断は、「書」という著作物の特殊性を前提としたもので、絵画やキャラクターなど他の著作物でも同様の結果になるかというと難しいところです。したがって、やはりカタログや広告に著作物を使用するのであれば著作権者から許諾をとるようにしましょう。

Memo

東京高判平成14・2・18判時1786・136〔雪月花事件控訴審〕

Memo

自分で撮影した写真を写真素材やポストカードとして販売したい場合、著作物が大きく写り込んでいないか注意しましょう。

01 被告のカタログに掲載された写真

実際のカタログはこの写真の下に照明器具商品が掲載されています。
出典：雪月花事件控訴審別紙

まとめ

✅写り込みは、付随対象著作物の利用（著作権法30条の2）として認められることがある。

✅令和2年改正著作権法により、分離困難性は要件として削除された。しかし、「正当な範囲」である必要があり、この1要素として分離困難性も考慮される。

✅広告やウェブサイトのデザインのために著作物をメインに写真に撮る場合は、著作権者の許可をとろう。

✎ COLUMN　生成AIと著作権

　MidjourneyやStable Diffusionなどテキスト（prompt＝「呪文」）を入力するだけで画像を生成できる生成AIと呼ばれるサービスが広く活用されるようになっています。

　このような生成AIと著作権については、①学習データとして既存の著作物が利用されることに対して、著作権者は何も言えないのか、②生成AIにより生成した画像（AI生成物）は著作物として著作権が発生するのかを巡って様々な議論がされています。

> ①（学習データとしての著作物の利用）については、日本では著作権法30条の4第2号で、非享受利用と呼ばれる情報解析のための著作物の利用について権利制限規定を設けています。この規定を根拠として、著作権者の許諾がなくても学習データとして著作物を利用することができると解釈されています。

　もっとも、この規定を適用するための「著作物に表現された思想又は感情を自ら享受し又は他人に享受させることを目的としない場合」から外れるケースもあるのではないかという点も議論されている状況です。

> ②（AI生成物の著作物性）については、(a)AIが自律的に生成した場合には著作物性はなく、他方で、(b)人がAIを道具として利用したと評価できる場合には著作物性があるとの整理がされています。そして、AIを道具として利用したというためには、(i)人の創作意図と(ii)創作的寄与が必要だとされています。

　AI技術の実用化の過程では、（1）学習済みモデルの生成段階と（2）生成された学習済みモデルの利用段階があります。少なくとも、このいずれにも人が主体的に関与している場合（（1）としては自ら学習データとする著作物を一定の方針の下で選択しているなど）、AIを道具として利用したと評価でき、AI生成物にも著作物性が認められるでしょう。

　ソニー・ワールド・フォトグラフィー・アワード（SWPA）2023で、ドイツの写真家ボリス・エルダグセンがAIを使って生成した作品「Pseudomnesia：The Electrician 01」がクリエイティブ部門賞を受賞し、話題となりました。エルダグセンは、受賞を辞退しましたが、生成AIによるイメージの生成過程について次のように語っています。

　「SWPAが選んだ作品は、私の豊富な写真知識を生かしたプロンプトエンジニアリング、インペインティング、アウトペインティングの複雑な相互作用の結果である。私にとって、AIイメージジェネレーターを使った仕事は、私がディレクターとなる共創である。ボタンを押し、それを実行するだけでない。テキストプロンプトを洗練させることから始まり、複雑なワークフローを開発し、様々なプラットフォームやテクニックをミックスして、このプロセスの複雑さを探求することである」（ボリス・エルダグセンウェブサイト）。

※和訳は、「AI生成の写真がコンテストで受賞するも制作者は賞を辞退。その理由とは？」ウェブ版美術手帖（2023年4月19日）より。
https://bijutsutecho.com/magazine/news/headline/27089

01　ボリス・エルダグセン「Pseudomnesia: The Electrician」

出典：ボリス・エルダグセンウェブサイト
https://www.eldagsen.com/sony-world-photography-awards-2023/

SECTION 06 写真などの素材から、人物や構図をトレースするのはOK?

人物のポーズや服装、背景の建物や構図など、写真をトレースできれば楽ちん！ 写真加工じゃなくて、トレースしてイラストにするのなら著作権は問題ないのでは？

写真は著作物！ 盗作にならないよう注意しよう

写真（著作権法10条1項8号）には著作権が発生し、原則として撮影者が著作権者となります。「トレースはイラストを描き起こすので問題がないのでは？」と思いがちですが、他人の著作物である写真に依拠した上、それを複製している以上、複製権侵害になるおそれがあります。

もし「誰でも撮影できて、同じ写真が撮れる」のであれば、自分で撮影してしまったほうが早いかもしれません。それなら著作権を気にせず自由にトレースできます。

他人が撮影した写真を参考にしたいのなら、素材1枚だけを探してトレースするのではなく、違う角度、違う撮影者の写真を最低でも3枚は探して見比べた上で、参考としてイラストに取り入れるようにしましょう。

トレースが写真の著作権侵害になるかの判断は難しい

写真からのトレースが著作権侵害になるかの判断に迷うようであれば、著作権をよく取り扱っている弁護士に相談するとよいでしょう。実際に裁判になった事例を紹介します。

● 写真から描いた水彩画に関する裁判例（祇園祭写真事件）
原則としては、写真から絵を描くことは著作権侵害になると理解しておきましょう。祇園祭写真事件は、原告の写真を元に被告が水彩画を描き祇園祭のポスターに使用した事案です 01 。

裁判所は、「本件水彩画においては、写真とは表現形式は異なるものの、本件写真の全体の構図とその構成において同一であり、また、本件写真において鮮明に写し出され

Memo

東京地判平成20・3・13判タ1283・262〔祇園祭写真事件〕

た部分、すなわち、祭りの象徴である神官及びこれを中心
として正面左右に配置された4基の神輿が濃い画線と鮮明
な色彩で強調して描き出されているのであって、これによ
れば、祇園祭における神官の差し上げの直前の厳粛な雰囲
気を感得させるのに十分であり、この意味で、本件水彩画
の創作的表現から本件写真の表現上の本質的特徴を直接感
得することができる…。」と判断して翻案権の侵害と認定し
ています。

01　左：原告写真　右下：被告水彩画ポスター

出典：原告ウェブサイト
http://www.kazz-saitoh.info/index2.html

出典：「祇園祭の写真、無断使
用／八坂神社などに賠償命令」
四国新聞社（2008年3月13日）

●トレースに関する裁判例（写真素材トレース事件）

02 は被告が同人誌イベントに出品する小説同人誌の裏
表紙に描いたイラストです。3つのイラストスペースのう
ち、下部のスペースで左の男性が持つ雑誌の裏表紙となっ
ているイラストは、右の「原告が写真素材集として販売し
ていたCDに含まれていた写真 03」を被告がインターネッ
トで見付けて、トレースして描いたものでした。

　裁判所の判断は、被告のイラストは原告の写真の著作権
侵害ではない、というものです。写真の表現上の特徴は、
被写体の配置や構図、色彩の配合、被写体と背景とのコン
トラストなどの総合的な表現にあります。他方で、このイ
ラストでは、写真にはない雑誌を開いた際の歪みによって
生じる反射光を表現した薄い白い線がある上、白黒である
ことから写真の色彩の配合は表現されていません。また、
写真における被写体と背景のコントラストもイラストでは
表現されておらず、シャツの柄も違うことなどを裁判所は
指摘しています。

　2.6センチメートル四方と小さく描かれている特殊性も

Memo

東京地判平成30・3・29（平成
29（ワ）672、同年（ワ）14943）
〔写真素材トレース事件〕

ありますが、この程度の類似性だと、たとえトレースでも写真の著作権侵害とまではいえないという参考になるでしょう。

02 被告の同人誌裏表紙

03 原告の写真素材集に含まれていた写真

出典：写真素材トレース事件別紙

著作権的に問題のない写真を選ぼう

　イラストや漫画に利用しやすい「ポーズ集、背景集」といった「トレース用素材」は書店やオンラインでたくさん販売、配布されています。トレースや加工を目的に作られたものなので、様々な角度で用意されており参考になります。これらから描きたいポーズや背景がないか探してみましょう。また、ロイヤリティフリーの写真素材を購入し、トレースする手もあります。

　しかし、どちらの場合も「著作権は放棄していない」ことがほとんどです。トレースしたイラストを自分の著作物として発表、販売する場合には「利用規約」でトレースした作品の商用利用が可能かを必ず確認するようにしましょう。

Memo

トレースという行為そのものは、私的使用目的で行う限り複製権侵害にはなりません（著作権法30条1項）。ただし、それを作品として発表したり、配布、販売したりすると、私的使用の範囲を外れてしまい著作権侵害になります（著作権法49条1項1号）。

Memo

法律上は、トレースと模写に違いはありません。どちらも「類似性が高い」場合には、著作権侵害となります。

クライアントからの提供素材は必ず出典を確認しよう

クライアントから「こういうイラストを描いて」と、参考写真やイラストを渡されるケースもあるでしょう。その場合、まずは提供素材の出典を確認して著作権がだれにあるのかを把握しましょう。クライアント自身が指示用に撮影した写真であれば問題ありませんが、プロに依頼して撮影した写真やイラストについては注意が必要です。

イメージを伝えるためのイラストであれば、アレンジを加えて独自性を出すこともできます。ただ、医療や建築など、厳密な作図が求められる場合は、独自アレンジを加えることが難しく、結果として参考イラストをそのまま真似てしまうケースもあるかもしれません。その場合、著作権侵害になる可能性があるので注意してください。

クライアントからトレースや模写をすることを前提として素材を提供された場合、その写真やイラストが「トレースや模写をしてよい素材なのか」をクライアントに確認しましょう。その上で、もし問題がある素材なら、必ず作者の異なる複数の資料（少なくとも３枚を推奨しています！）を参照し人の体や建物のシルエットなど「そのものを伝えるために絶対に必要な形」と、髪型やシワや風になびく樹の形など「時間や場所や個体差などで変化する形」で分けて考え、オリジナリティを出すように工夫をしましょう04。

Memo

もしデザイナーが「著作権違反であることを承知で」その素材を使用した場合、たとえクライアントから指示された素材でも、デザイナーも法的な責任を問われるおそれがあるので注意してください。

Memo

キャラクターの場合にはキャラクターの顔部分に創作者の個性が表れやすいため、同一のキャラクターといえる程に細部の表現まで共通しているかがポイントになります。この点は意識しておきましょう（星大介＝木村剛大＝片山史英＝平井佑希『事例に学ぶ著作権事件入門』（民事法研究会、2023）59頁〔木村剛大〕）。

04 著作物を参考にする場合は最低3枚は参照する

まとめ

- ✓写真のトレースは著作権侵害になるおそれはあるが、その判断は難しい。侵害か迷ったら専門家に相談する。
- ✓トレースが必要な場合は、著作権の問題がない素材を利用するか、作者の異なる複数の資料（少なくとも３枚！）を参考にして新しく描く。
- ✓クライアントから提出された写真素材は著作権を要確認。

SECTION 07 二次創作ってどこまでOK？

二次創作はグレーだと聞いたことがあります。しかし、世の中には既存作品のオマージュと思われる作品を見かけることもよくあります。結局、二次創作は著作権ではどこまでOKなのでしょうか？

パロディ、オマージュ

　有名なキャラクターなど他人が創作した著作物を使用して二次的に創作したい場面もあることでしょう。これらは二次創作と呼ばれますが、これにもまたパロディ、オマージュなど様々な手法があります。

　しかし、著作権法では、パロディだからOK、オマージュだからOKというわけではなく、あくまで元の著作物と類似するかという通常の著作権侵害の枠組みで判断されることに変わりはありません。具体的には、二次創作では元の著作物の複製や翻案（二次的著作物）に当たるか、同一性保持権の侵害に当たるかが問題になります。

　例えば、有名な事件としてはパロディ事件があります。この事件は、グラフィック・デザイナーであるマッド・アマノが、写真家白川義員の写真（原告写真）を取り込んだ上で被告写真を制作した行為が同一性保持権を侵害するかが争点となった事案です。

　原告写真は、スキーヤーが雪山の斜面を波状のシュプールを描きつつ滑降している場景を撮影した写真であり、保険会社のポスターに使用されました。これに対し、被告写真は、巨大なタイヤによって自動車を表象し、スキーのシュプールを自動車のわだちにたとえ、写真の下のスキーヤーは自動車から人が逃れようとしている様を表現した作品です。被告は、被告写真により、自動車による公害の現況を諷刺的に批判したと主張しました。

　裁判所は、原告写真の本質的な特徴は、原告写真部分が被告写真のなかに一体的に取り込み利用されている状態においてもそれ自体を直接感得しうるものであるから、被告による原告写真の利用は、同一性保持権を侵害すると判断しています 01 。

Memo
新村出編『広辞苑〔第7版〕』（岩波書店、2018）によれば、「パロディ」は「文学作品の一形式。よく知られた文学作品の文体や韻律を模し、内容を変えて滑稽化・風刺化した文学。日本の替え歌・狂歌などもこの類。また、広く絵画・写真などを題材としたものにもいう。」、「オマージュ」は「①尊敬。敬意。②賛辞。献辞。」とされています。

Memo
最判昭和55・3・28民集34・3・244（パロディ事件第一次上告審）。なお、この事件は複雑な経緯があり、複製権、翻案権の侵害について判示されていませんが、複製権又は翻案権の侵害も成立する事案と考えられます。

01 左：白川義員の原告写真が使用されたAIUのカレンダー
　　右：被告写真

出典：「パロディ、二重の声【日本の一九七〇年代前後左右】」図録219-220頁

適法な二次創作は？

　二次創作といっても様々な作品があります。そのため、すべてのケースに当てはまる指針を出すことは難しいですが、著作権侵害のリスクが高い類型と低い類型は区別できます。通常の著作権侵害の判断枠組みと変わらないので、元の著作物の創作的な表現が再生されていなければ著作権の侵害にはなりません。

●リスクが高い類型−取込型

　パロディ事件のように元の作品をそのまま取り込む取込型については、著作権侵害のリスクは高いです。取込型の場合、どうしても元の作品をそのまま利用する部分が生まれるので、その部分について複製権の侵害となりやすいのです。

　取込型の場合でも、引用（著作権法32条1項）として利用できるのではないかとお考えの方もいるかもしれません。しかし、引用の条件として区別性が必要ですので、取込型の場合、この条件をみたすことが難しいのが現状です。

●リスクが高い類型−形式変更型

　例えば、二次元の絵画を三次元の彫刻にする、二次元の絵画に動きを加えて映像にするなど、元の作品の形式を変更する形式変更型の場合、「翻案」になる可能性が高い利用方法になります。そのため、著作権侵害のリスクは高い類型です。

Memo

いわゆる現代美術におけるアプロプリエーション（既存の素材を意図的に取り込んで自らのアート作品として使用する手法）にも引用が成立する余地があるとする見解として、福井健策「著作権法の将来像―パロディ及びアプロプリエーション―」渋谷達紀＝竹中俊子＝高林龍編『知財年報 I.P. Annual Report 2005』（商事法務、2005）242頁、255頁、木村剛大「現代美術とフェア・ユース－アプロプリエーションと向き合う著作権法－」広告 Vol. 414 特集：著作（博報堂、2020）190頁があります。

米国の事例ですが、現代美術家のジェフ・クーンズが写真家アート・ロジャースの写真「Puppies」02 を使用して彫刻作品「String of Puppies」03 を制作し、販売した行為に対して、著作権侵害の裁判となりました。裁判所は著作権侵害を認めています。日本でも同様の結論になるでしょう。

Memo

Rogers v. Koons, 960 F.2d 301
(2d Cir. 1992)

02 Art Rogers, Puppies, 1980

出典：アート・ロジャース・ウェブサイト
http://www.artrogers.com/portraits.html

03 Jeff Koons, String of Puppies, 1988

出典：ジェフ・クーンズ・ウェブサイト
http://www.jeffkoons.com/artwork/banality/
string-puppies

●リスクが低い類型−要素抽出型

　他方で、元の作品の具体的な表現ではなく、元の作品の要素を抽出（抽象化）して使用する要素抽出型については、著作権侵害のリスクは低くなります。元の作品を想起させるからといって著作権侵害になるわけではありません。

　映画ではよく既存作品を参照するオマージュが行われています。例えば、映画『シャイニング』の1シーンでは双子の少女が並んでいるシーン 04 がありますが、これは写真家ダイアン・アーバスの有名な双子の写真 05 を参照していると言われます。

　確かにアーバスの写真は有名なので、シャイニングのシーンはアーバスの作品を想起させます。しかし、共通点は双子の少女が並んでいる被写体を撮影している点であり、双子の少女の容姿、服装、背景、構図が異なり、具体的な表現のレベルでみると異なります。元の作品の要素が抽出されていて元の作品を想起させるけれども、著作権法で類似するとは評価されないでしょう。

04 映画『シャイニング』の1シーン：『シャイニング』（ス
タンリー・キューブリック、ワーナー・ブラザーズ、
1980）

05 ダイアン・アーバス「Identical Twins,
Roselle, New Jersey, 1967」：『diane
arbus』（Aperture、2011）

出典：黒柳勝喜「引用なき名作は存在しない」広告 Vol.414 特集：著作（博報堂、2020）78頁

どうしてもやりたいときは

　著作権侵害のリスクが高い類型になりそうだけど、どう
してもやりたい表現があるというクリエイターもいること
でしょう。P020ページ（CHAPTER 1 コラム）で解説した
ように、著作権侵害でも問題にならないケースもあれば、
著作権侵害でなくても問題になるケースもあるのが著作権
の難しいところです。

　ただ、著作権者が権利行使している事例が報道されてい
る作品の利用は控える、先行作品へのリスペクトをテキス
トで示す、先行作品と市場で競合する利用はしない（例え
ば、グッズは販売しない）など、事実上、著作権者から権
利行使をされる可能性を低くするよう努めた上で二次創作
を行うことはありえます。ただ、非常にセンシティブな判
断にはなるので、できる限り弁護士に相談したほうがよい
でしょう。

07　二次創作ってどこまでOK？

まとめ
- ✅パロディやオマージュでも通常の著作権侵害の枠組みで判断される。
- ✅元の著作物を想起するからといって著作権侵害になるわけではない。
- ✅元の著作物の要素を抽出（抽象化）して使用した上で二次創作することは可能。

SECTION 08 レイアウトや配色を真似たら著作権侵害になるの？

クライアントから「このウェブサイトのデザインが気に入っているので、このとおりに作って欲しい」という依頼が来た。でも、他のサイトのとおりに作ったら著作権侵害なのでは？

レイアウトや配色は真似ても著作権侵害にはならない

レイアウト・配色の真似だけでは著作権侵害になりません。著作物は「思想又は感情を創作的に表現したものであって、文芸、学術、美術又は音楽の範囲に属するもの」と定義されています。レイアウトや配色だけでは、この「創作的に表現」にはあたらないことが多いのです。そのため、レイアウトや配色を真似るだけでは著作権侵害にはなりません。

Memo
著作権法2条1項1号

● レイアウトに関する裁判例（知恵蔵事件）

知恵蔵事件では、用語辞典「知恵蔵」（1990年～1993年版）のブックデザインを担当したブックデザイナーの原告（控訴人）が、1994年版と1995年版の「知恵蔵」にもほとんど同一のレイアウト・フォーマット用紙が使用されていると主張して、出版社の朝日新聞社（被告、被控訴人）は自らがデザインしたレイアウト・フォーマット用紙の著作権を侵害したと主張しました。しかし、裁判所は著作権侵害を認めていません。

Memo
東京高判平成11・10・28判時1701・146〔知恵蔵事件控訴審〕

控訴人は、本件レイアウト・フォーマット用紙は被控訴人から独立したブックデザイナー固有の知的創作物である旨主張する。しかし、年度版用語辞典である知恵蔵のような編集著作物の刊行までの間には、その前後は別として、企画、原稿作成、割付けなどの作業が複合的に積み重ねられることは顕著な事実であるところ、…本件レイアウト・フォーマット用紙の作成も、控訴人の知的活動の結果であるということはいえても、それは、知恵蔵の刊行までの間の編集過程において示された編集あるいは割付け作業のアイデアが視覚化さ

Memo
ここでいう「レイアウト・フォーマット用紙」というのは、柱、ノンブル、ツメの態様、分野の見出し、項目、解説文等に使用された文字の大きさ、書体、使用された罫、約物の形状などが配置される用紙を意味します。

「柱」：版面の周辺の余白に印刷した見出し
「ノンブル」：頁数を示す数字
「ツメ」：検索の便宜のために辞書等の小口に印刷する一定の記号等
「約物」：文字や数字以外の各種の記号活字の総称

れた段階のものにとどまり、そこに、選択され配列された分野別の「ニュートレンド」、「新語話題語」、「用語」等の解説記事や図表・写真を中心とする編集著作物である知恵蔵とは別に、本件レイアウト・フォーマット用紙自体に著作権法上保護されるべき独立の著作権が成立するものと認めることはできない。

個性がある場合は著作物になることもある

レイアウトや配色に著作権がなくても、写真の構図やレイアウト、配色、書体などの要素を組み合わせると「このウェブサイトらしい」という個性が生まれ、「創作的に表現」した著作物になります。

もしクライアントが他人の著作権を侵害するウェブサイトを公開すれば、クライアントが著作権侵害の責任を負うことになります。クライアントには、ウェブサイトも様々な要素の組み合わせによって著作物になることを説明して、他のウェブサイトのレイアウトや配色は、あくまでもデザインの参考に留めましょう。

Memo

裁判例からは、よほどの類似性がなければ著作権侵害とはなりません。しかし、あからさまに似ていると見る人に判断され、それが拡散されてしまうと、大きなイメージダウンとなります。

クレームを受けてから作り直すのは手間と時間がかかる

デザインを見た第三者に「どこかで見たことがあるデザインだな」と思われるのは、クリエイターにとって決して得なことではありません。著作権侵害にならなくても、クレームが寄せられてデザインを差し替えることになれば手間も時間も無駄になります。「真似る＝楽になる」とは限らず、むしろ真似ることで大きな手間と無駄な時間、そして損害を被る可能性があることをしっかりと心に刻みましょう。クライアントも著作権を侵害したいわけではありません。著作権を侵害してしまうと、クライアント視点で不利益になることを伝えれば、納得してもらえるはずです。自分で説明して納得してくれなければ弁護士などの専門家の意見を聞いて伝えてみましょう。

まとめ

- ✅レイアウトや配色を真似ただけなら著作権侵害になる可能性は低いが絶対ではない。
- ✅クライアントに安易にデザインを真似する危険性をきちんと伝える。
- ✅後々のことを考えると危ない橋を渡るのは想像以上のリスクがある。

商用フォントを使ったロゴや
タイトルの著作権はどうなるの?

ロゴの制作を依頼され、商用のフォントを使ってデザインをしました。この場合、フォントの制作者はロゴの著作権を主張できますか? そもそもロゴなど文字をモチーフにした作品に著作権は認められるのでしょうか?

基本的にフォント(書体)に著作権は認められない

　フォントの見た目や形については、一般的には著作権が認められないケースがほとんどです。情報伝達が目的である文字は、読めることが実用性として大事なので、その中で創作性を求めることは困難だということでしょう。

　しかし、著作権のあるなしにかかわらず、多くの有償フォントは利用規約が定められているので、利用規約のルールに従った利用が必要です。例えば、モリサワフォントの場合、ロゴやマークなどを作成することは問題ありませんが、作成したロゴのデザインや意匠を含めた商標として登録することはできません。

●フォントに関する裁判例①(ゴナ書体事件)

　ゴナ書体事件は、印刷用書体が「著作物に該当するというためには、それが従来の印刷用書体に比して顕著な特徴を有するといった独創性を備えることが必要であり、かつ、それ自体が美的鑑賞の対象となり得る美的感性を備えていなければならないと解するのが相当である。」と判示しています。書体については原則として著作物性は認められず、著作物として保護されるためのハードルは非常に高いといえます。

●フォントに関する裁判例②(ディスプレイフォント事件)

　フォントベンダーである視覚デザイン研究所(原告)が製作したフォントを無断で使用したとして、原告がテレビ朝日ホールディングスとIMAGICAを訴えた裁判があります。原告は著作権侵害ではなく法律上保護される利益を侵害するとして不法行為になると主張しました。しかし、裁判所は、フォントには著作権が認められず、不法行為にもなら

Memo

モリサワ「モリサワフォントの商業利用について」
http://www.morisawa.co.jp/
products/fonts/
commercial-use/

Memo

最判平成12・9・7民集54・7・2481〔ゴナ書体事件〕

Memo

・大阪高判平成26・9・26(平成25(ネ)2494)〔ディスプレイフォント事件控訴審〕
・大阪地判平成25・7・18(平成22(ワ)12214)〔ディスプレイフォント事件第一審〕

ないと判断しています 01 。

01 著作物性を否定されたフォント（ロゴ G）

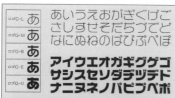

出典：ディスプレイフォント事件第一審別紙

Memo

その他、タイプフェイス（印刷用書体）の著作物性が争点となった裁判例として、東京地判平成31・2・28（平成29（ワ）27741）〔INTERCEPTERタイプフェイス事件〕があります（裁判所は著作物性を否定）。

フォントプログラムには著作権がある

フォントのデザインは原則として著作物とは認められません。ただし、フォントのプログラムには著作権があります。

コピーしたり、ライセンス許諾を得ていない不正なプログラムを使用したりした場合は、プログラム著作物（著作権法10条1項9号）の著作権侵害となります。

文字のみをデザイン化したロゴは著作物と認められる可能性は低い

フォントデザインに著作権が認められないのと同様、既成フォント、自作フォントにかかわらず、文字のみで構成されたロゴは、原則として著作物と認められません。裁判例でもロゴマークについては、著作物性を否定しています。

●ロゴマークに関する裁判例①（ロゴマークAsahi事件）

ロゴマークAsahi事件は、アサヒビールが、デザインが類似したロゴマークの使用差し止めを請求した裁判です。裁判所はAの書体は他の文字に比べて「デザイン的な工夫を凝らされたもの」とは認められるとしながらも、この程度のデザイン的要素の付加によって美的創作性を感得する

Memo

東京高判平成8・1・25判時1568・119〔ロゴマークAsahi事件控訴審〕

ことはできないとして、ロゴの著作物性を否定しました
02。

02 著作物性を否定されたアサヒビールのロゴ

出典：ロゴマークAsahi事件控訴審別紙

●ロゴマークに関する裁判例②（住友建機事件）

　住友建機事件は、角ゴチック体と丸ゴチック体を適宜組み合わせ、文字の太さなどを工夫したロゴについて、裁判所は「見る者に格別な美的感興を呼び起こすような程度には到底達していない」として著作物性を否定しました 03。

Memo
東京地判平成12・9・28判時
1731・111〔住友建機事件〕

03 著作物性を否定された住友建機ロゴ

出典：住友建機事件別紙

絵画的要素を有するロゴや書には著作権が認められることもある

　ただし、文字を構成するロゴは著作物として認められにくいだけで、イラストなどを用いて顕著な特徴を有する場合は、著作権が認められることもあります。
　例えば、2006年に書道家の進藤洋子が新潟観光協会に対し、自身の作品「イメージの書　花」の翻案権、同一性保持権を侵害するデザインが利用されているとして東京地裁に仮処分を申し立てた事件がありました。この作品では、

Memo
日経デザイン2006年10月号58
頁以下

「花」という文字をベースにしていますが、書道の要素とともに水彩絵の具で花弁をイメージさせるように草冠の部分が大きく描かれるなど絵画的要素も含まれており、著作物性が認められるでしょう 04 。

04 進藤洋子「イメージの書　花」

出典：日経デザイン
2006年10月号58頁

●**書に関する裁判例（趣事件）**

　また、裁判例では、広告の目的に応じたデザイン文字としての書道家の「書」も「美術の著作物」として認められています 05 。

　「書」については著作物性が認められやすいという特徴がありますので、知っておいて損はないでしょう。

Memo

大阪地判平成11・9・21判時
1732・137〔趣事件〕

05 著作物性が認められた趣事件原告の書

出典：趣事件別紙

まとめ

✓フォントや文字のみをデザイン化したロゴなどは原則として著作物とは認められない。

✓フォントのプログラムにはプログラム著作権があるので、無断使用は著作権侵害になる。

✓絵画的な要素を取り入れた顕著な特徴を有するロゴや書の特徴を有するロゴであれば著作物性が認められやすい。

SECTION 10 Googleマップは自由に利用できる?（地図の著作権）

Q 会社のウェブサイトで所在地を表示するためにGoogleマップを使いたいけど、許可を得なくても無料で使える? あと、チラシや会社案内のような印刷物でも使いたいんだけど問題ある?

「地図」は著作物！ 利用規約の範囲で利用すること

地図は、著作物の一つです（著作権法10条1項6号）。そのため、Googleマップの地図データは、あくまで利用規約で権利者が許諾している範囲でユーザーは利用することができます。

Memo
東京地判令和4・5・27（令和元（ワ）26366）〔ゼンリン住宅地図事件〕

Googleマップは非営利と営利でプランが異なる

「Googleマップ」「Google Earth」「ストリートビュー」などのGoogleが提供しているサービスについては、ガイドラインが公表されており、権利帰属を明確に表示した上で、非営利目的であれば自由に利用が可能です。

ただ、営利目的でも、一定の範囲内であれば無料で利用することができます。

● 非営利目的の場合

非営利目的であれば、Googleの利用規約に従い、権利帰属を明確に表示すれば、Googleマップを利用することができます。権利帰属表示のガイドラインも公表されていますので、確認して表示しましょう。Googleマップの主な使用目的と使用の可否を 01 にまとめます。この内容に従い、Googleマップの［地図を共有または埋め込む］機能を使用すれば、自社のウェブサイトでも無料かつ許可不要で利用できます。

● 営利目的の場合

Googleマップなどを営利目的で使用する場合は、Google Maps Platformにクレジットカードを登録しなければなりません。

Memo
非営利目的のガイドライン、価格プランなどの詳細は Google Maps Platform で紹介されています。
https://mapsplatform.google.com/

Google Maps, Google Earth, and Street View Required attribution
https://about.google/brand-resource-center/products-and-services/geo-guidelines/#required-attribution

Memo
もしクレジットカードを持たずに営利目的でGoogleマップを使用したい場合は、地域のGoogleマップパートナーへ問い合わせる必要があります。

01 条件別Googleマップ利用可否（非営利）

使用目的	使用可否	追加情報
ウェブやアプリケーションへの地図の埋め込み	○	［地図を埋め込む、場所を共有する］（https://support.google.com/maps/answer/144361）で示された方法であれば許可なく利用可能。ただし、APIを使用する場合は制限事項があり、営利目的の場合とほぼ同じ。
オンラインビデオ	○	YouTubeなどのオンラインビデオで主に教育やエンターテインメント目的で利用可能。
書籍への印刷	○	配布数5,000部以内であれば、数枚の画像を利用可能。ただし、ガイドブックなどでメインのコンテンツとして使用することはできない。
レポートとプレゼンテーション	○	調査報告書、社内レポート、プレゼンテーション、提案書、その他のビジネス文書などに利用可能。
ガイドブック	×	道案内を目的とする印刷物（旅行ガイドなど）の主要要素として、Googleのコンテンツを使用することはできない。
物品への印刷	×	商品や商品パッケージなど（例：Tシャツ、ビーチタオル、シャワーカーテン、マグカップ、ポスター、文房具）に印刷することはできない。
印刷広告	×	Googleマップ、Google Earth、またはストリートビューの画像は使用できない。

Google Maps Platformの価格プランは使用量に応じた従量制です。マップ、ルート、プレイスに関しては、毎月200ドル分（地図の読み込み28,500回）まで無料で利用できます（無料クレジット）。これに加え、Embed APIでのマップの使用（マップ表示のみ）は制限なく無料で利用できます。

なお、ゲーム、カーシェアリング、アセットトラッキングについては、無料で利用することはできません。

ほとんどの利用者は、1か月の使用量が無料範囲（200ドル分）を超えることはないと思われるので、Googleマップを自分のウェブサイトで利用しても、料金が発生することはないでしょう。

ただ、予想以上の使用量が発生する可能性もあるので、「1日あたりの割り当て」「課金上限」などの利用制限を設定することをおすすめします。

Memo

例えば、書籍などで、Googleサービスの紹介をする場合は、「道案内を目的とする利用ではない」ため使用が可能となります。

Memo

200ドルの無料クレジットでの使用例
・静的マップの呼び出し最大 100,000回
・地図の読み込み最大28,500回
・最短経路の呼び出し最大 20,000回

**ま
と
め**

✅非営利目的の場合、権利帰属を明確に表示すれば、用途に応じてGoogleマップなどを利用可能。

✅営利目的の場合、1か月200ドル分までは無料で利用可能。

✅ガイドブック、物品への印刷、印刷広告は営利、非営利にかかわらず使用不可。

10 Googleマップは自由に利用できる？（地図の著作権）

SECTION 11 ウェブサイトのスクリーンショットは自由に使えるの？

 ウェブサイトの紹介やスマートフォンの操作説明のために、スクリーンショット（画面キャプチャ）を自分のブログに掲載することは、著作権的に大丈夫なのでしょうか？

単に載せるだけだと著作権侵害になる可能性あり

ウェブサイトの画面キャプチャは、著作権法上の複製権（著作権法21条）を侵害し、また、これをブログに掲載することは公衆送信権（著作権法23条）を侵害する可能性があります。公衆送信権とは、放送やインターネットへのアップロードなどの方法で著作物を公衆に向けて送信する権利です。

スクリーンショットをブログに掲載することは、この2つの権利を侵害する可能性があります。

元のサイトとわからないようにスクリーンショットを加工（モザイクをかけるなど）すれば、これらの権利侵害を回避できる可能性は高いです。しかし、それでは掲載する目的を達成できないので意味がないでしょう。つまり、著作権侵害になる可能性がある以上、画面キャプチャをそのまま掲載したい場合は、著作権者に承諾を得るのが原則になります。

条件をみたしていれば引用として掲載することは可能

著作権侵害になる可能性があると上で述べましたが、実は条件をみたしていれば、著作者の許諾を得ることなく、ウェブサイトやアプリのスクリーンショットを引用（著作権法32条1項）としてブログなどに掲載することは可能です。

例えば、操作方法などの説明のため、画面キャプチャは必要不可欠でしょう。この場合、出典がわかるように、サイト名、URL、アプリ名などを明記しておけば、引用として認められる可能性は高くなります。しかし、企業やサービスによっては、利用規約を定めているところもある

ので、事前に確認しておくことをおすすめします。なお、引用の要件の詳細やスクリーンショットと引用に関する事例については P084 を参照してください。

Memo

その他スクリーンショットにも一部に著作物（キャラクター、写真など）が写り込む場合、付随対象著作物の利用（著作権法30条の2）が適用されることがあります（P036）。

サービスの埋め込み機能を利用しよう

　共有や引用のため、多くの SNS は埋め込み機能を提供しています。SNS 上に投稿されたコンテンツを自身のサイトやブログなどに掲載したい場合は、この埋め込み機能を利用しましょう。例えば、X では投稿されたコンテンツの著作権は投稿者が有しますが、X の機能を介した二次利用への許諾をユーザーに求めています。

Memo

XやFacebookの埋め込み機能については P089 を参照してください。

> ユーザーは、本サービス上にまたは本サービスを介してコンテンツを送信、ポストまたは表示することによって、当社が、既知のものか今後開発されるものかを問わず、あらゆる媒体または配信方法を使ってかかるコンテンツを使用、コピー、複製、処理、改変、修正、公表、送信、表示および配信するための、世界的かつ非独占的ライセンスを（サブライセンスを許諾する権利と共に）当社に対し無償で許諾することになります（明確化のために、これらの権利は、たとえば、キュレーション、変形、翻訳を含むものとします）。このライセンスによって、ユーザーは、当社や他のユーザーに対し、ご自身のコンテンツを世界中で閲覧可能とすることを承認することになります。
>
> 出典：X サービス利用規約（2023 年 9 月 29 日）「ユーザーの権利およびコンテンツに対する権利の許諾」（https://twitter.com/ja/tos）

　言い換えれば、X の埋め込み機能を利用してツイートをブログなどに掲載することは規約でカバーされており問題ありませんので、スクリーンショットではなく埋め込み機能を利用しましょう。

ま
と
め

- スクリーンショットをブログに掲載する行為は、複製権と公衆送信権侵害になる可能性がある。著作権者の承諾を得るのが原則。
- 引用の要件をみたしていれば問題ないが、利用規約を定めている場合もあるので確認が必要。
- サービスが埋め込み機能を提供している場合は、基本的にそれを利用しよう。

SECTION 12 社内資料ならネット上の画像を使用してもいいの?

Q 社内でプレゼンする資料として写真素材を探していたら、個人のブログの写真によいものがあったので拝借しました。社外に出ることはないので、許可をもらわなくてもよい?

私的使用目的の複製で認められる範囲は狭いので注意!

インターネットで拾ってきた写真をイメージ写真などで利用する場合、写真を複製することになるため、原則として著作権者の許可が必要になります。もっとも、著作権法では、私的使用目的、つまり「個人的に又は家庭内その他これに準ずる限られた範囲内」で使用する目的であれば、著作権者の許可なく複製することができます(著作権法30条1項)。ただし、これはあくまで個人利用の場合です。ここで問題になるのは会社の中での使用が個人や家庭内の使用に準ずるといえるかです。

結論からいえば、たとえ社外で公表することを予定していなくても、社内で行うプレゼンは「個人的に又は家庭内その他これに準ずる限られた範囲内」とはいえません。そのため、この規定を理由に著作権者の許諾なく複製することはできません。となれば、当然ですが社外のコンペなどで複製した場合も、著作権侵害となります。

> **Memo**
> 東京地判昭和52・7・22判タ369・268〔舞台装置設計図事件〕で会社で業務上利用するために著作物を複製することは、その目的が個人的な使用とはいえないと判断されています。また、東京地判令和4・11・8(令和4(ワ)2229)〔生命の實相事件〕は、「著作物の使用範囲が『その他これに準ずる限られた範囲内』といえるためには、少なくとも家庭に準じる程度に親密かつ閉鎖的な関係があることが必要である」として、被告が友人7名に原告著作物の複製物を配布した事案で「その他これに準ずる限られた範囲内」に当たらないと判断しています。

引用としての利用なら可能

自分で作成した商品やサービスの説明資料の一部に既存のサービスや商品、広告などの画像を資料として利用することもあると思います。このような場合は、すでに公表されている著作物を参考資料として利用するのであれば、引用として使用が認められることがあります(著作権法32条1項)。

その場合、出典の明記や、その写真が引用であるとはっきりとわかることが必要となります。引用のルールを守って使用するようにしましょう。

> **Memo**
> 引用の条件については P084を参照してください。

CHAPTER 2 写真・イラスト・デザイン

素材サイトを利用しよう

　素材サイトなどから写真を購入、ダウンロードして使用する場合は、基本的には問題ありません。素材サイトの場合は購入者（ユーザー）に対して使用範囲、使用期限などが明記されているので、その条件の範囲で使用しましょう。

　しかし、素材サイトの利用規約はサービスごとに異なるので、サービス名などのクレジット表記や使用サイズなどの条件を確認することが必要です。

Memo
素材サイト利用の注意点については P062 を参照してください。

12　社内資料ならネット上の画像を使用してもいいの？

 COLUMN 新聞記事の社内使用問題

　新聞記事の社内使用について著作権侵害が認められ、報道された事案もあります。

　つくばエクスプレスを運行する首都圏新都市鉄道株式会社が日経新聞や中日新聞の紙面記事をスキャンしてイントラネットに掲載し、従業員が見られるようにしていたことから、日本経済新聞社と中日新聞社が著作権侵害で訴訟提起しました。

　知財高裁は著作権侵害と判断した上で、日経新聞社の損害額として696万円、中日新聞社の損害額として133万円を認定しています。著作権侵害訴訟で判決にまで至る場合、判決はインターネット上で公開されます。企業のレビュテーション（評判）にも影響するため、著作物の取り扱いについて正しく理解しておくことが必要です。

出典：「つくばエクスプレスに賠償命令　知財高裁、著作権侵害で」日本経済新聞（2023年6月8日）
　　　https://www.nikkei.com/article/DGXZQOUE081SO0Y3A600C2000000/

Memo
知財高判令和5・6・8（令和5（ネ）10008）〔日本経済新聞社事件控訴審〕、知財高判令和5・6・8（令和4（ネ）10106）〔中日新聞社事件控訴審〕

 まとめ

- ✔社内で使用する場合でも、「個人的に又は家庭内その他これに準ずる限られた範囲内」とはいえないので、この規定を理由に無断で写真やイラストなどを複製することはできない。
- ✔引用して使用する場合は、出典を明記するなど引用の条件を守って使用する。
- ✔素材サイトなどを利用するときも権利関係が明記された素材を、利用条件を守って利用する。

フリー素材は自由に使ってOK？

Q デザインをする際に、ネットにアップされている無料のフリー素材を使っています。フリー素材って最近はバリエーションも多くて便利ですね。フリーだから無制限に、しかも無料で、自由に使えるんですよね？

「フリー」=「自由」とは限らない

　例えば、「フリー素材」とブラウザの検索窓に打ち込むと、たくさんのウェブサイトがヒットします。しかし、一言で「フリー」といっても「無料」と「自由」の意味があります。

・著作権者が無料で使用許諾を出しているが、個人利用に限る

・著作権者が無料で使用許諾を出しており、個人・商用利用ともに制限はないがアダルトなど一定の使用用途は禁止されている

・著作権者が無料で使用許諾を出しており、使用用途にも制限がない

・著作権の保護期間が切れている、または著作権者が著作権を放棄している

　上記はすべて「フリー素材」と呼ばれます。これらは、「著作権者から提示された条件を守る限りで」無料で使用することができます。もしその条件を守らないのであれば使用することはできません。実際に、「無料　イラスト」等のキーワードで検索してダウンロードした素材を広報誌等に使用して後日、著作権使用料の請求がされるケースが相次いでいることが報道されています。

　クリエイティブ・コモンズ・ライセンス（CC）で公開されている著作物を使用する場合も同様です。あくまでライセンスの条件を守る限りで使用することができます。

　フリー素材を使用する前には、必ず利用規約を確認しま

Memo

「フリー」の考え方についてはP108も参考にしてください。

Memo

「ネット無料画像 利用に注意！自治体が使用、多額請求も」毎日新聞（2018年11月5日）https://mainichi.jp/articles/20181105/k00/00m/040/130000c

Memo

東京地判令和3・10・12（令和3（ワ）5285）〔flickr投稿写真事件〕は、flickrに投稿された原告（写真家）の写真をクリエイティブ・コモンズ・ライセンス（BY-SA）に違反して著作者のクレジットを表示せずに被告（起業家養成セミナーの運営等を業務とする株式会社）が自身のウェブサイトで利用したため、著作権侵害で訴えた事案です。ライセンスの内容は、著作者のクレジット（氏名、作品タイトルなど）を表示し、写真を改変した場合には元の作品と同じCCライセンスで公開することを主な条件として営利目的での二次利用も許可されるものでした。裁判所は、被告の行為が公衆送信権、氏名表示権の侵害にあたると認定しています。

しょう。また、利用規約は変更されることもあるので、念のためフリー素材をダウンロードした時点の利用規約を保存しておくのが望ましいでしょう。

「ロイヤリティフリー」と「ライツマネージド」

「ロイヤリティフリー」とは、使用許諾を得た以降は使用許諾の範囲内であれば何度も使用できるという意味です。つまり、「フリー」なのは使用許諾を得たらフリー（無料）となる、という意味であって、すべて無料で使えるわけではありません。同じ「ロイヤリティフリー」の素材でも、完全に無料で使える素材もあれば、最初に使用料を支払って許諾を得るものもあります。一方、「ライツマネージド」は、使用媒体や期間を特定した使用許諾であり、その範囲外は再度許可を得る必要があります。

商用利用の境目

使用許諾には「非営利に限り無料」とされているケースが多くあります。このように「商用（営利）利用が禁止」されている場合、どこからが「商用」なのか迷う人も多いことでしょう。

販売する商品に使用するのなら、当然ですが商用利用になります。クライアントからデザインを受注してデザイン料を受け取る場合も商用利用です。これはクライアントが法人ではなく個人でも同様です。

無料で使用できる場合の利用許諾には、点数の制限があることもあります。無料で使えるフリーイラスト素材で有名な「いらすとや」では、商用利用は20点まで無料、21点以上は有料という規約を設けています。

Memo
いらすとや「ご利用について」
https://www.irasutoya.com/
p/terms.html

モデルの写真は使用用途や肖像権に注意

フリーの写真素材に、顔がはっきりわかるモデルが写っている場合は「モデルリリース」と呼ばれる「肖像権使用許諾」を得ているか注意が必要です。

モデルリリースを得た写真でも自由に使用できるとは限りません。例えば、フリー素材を多く公開している「ぱくたそ」では、モデルの写真をSNSなどのアイコンに使用し

Memo
ぱくたそ「利用規約」
https://www.pakutaso.com/
userpolicy.html

たり、その人が特定の商品を試したように写真を使用したりする「なりすまし」を禁止しています。このような使い方は、たとえ自由に使えるフリー素材でも規約違反になりますし、モデルの名誉を毀損するおそれもありますので注意しましょう。

「フリー素材だと誤信した」は言い訳になる？

フリー素材のサイトからダウンロードした素材を自分のウェブサイトで使用した場合、実はその素材が著作権者から許諾を得ていないものであったらどうなるでしょうか？また、使用許諾の条件があったにもかかわらず、見落としていて何の条件もなく使用できると思ったら？

結論をいえばフリー素材だと誤信したという言い訳はなかなか通りません。

●フリー素材に関する裁判例①（夕暮れのナパリ海岸事件）

被告（個人）が運営するブログに無許諾で原告（職業写真家）の撮影した写真を掲載した行為について、著作権侵害で訴えられました。被告は、写真をダウンロードしたサイトには「デザイナーズ壁紙は海外のショップでフリーの素材として販売していたものを収集したもの、及び、海外のネット上で流通しているものを収集したものです。無料ダウンロードした写真壁紙は個人のデスクトップピクチャーとしてお楽しみください。また、掲載の作品をホームページ素材として、お使いいただく場合にはリンクをお願い致します。」との記載があり、フリー素材だと誤信したと主張しました。

裁判所は、「海外のショップでフリーの素材として販売していたもの」あるいは「海外のネット上で流通しているもの」との記載は、一定程度の注意をもって読めば、本件写真の利用許諾を受けていないことについて理解ができ、被告は、本件写真の利用権限の有無に関する確認を怠ったもので複製権及び公衆送信権の侵害について過失があると認定しています。

●フリー素材に関する裁判例②（弁護士法人HP写真無断使用事件）

ストックフォトサービスを提供するアマナイメージズが

Memo

東京地判平成24・12・21判タ1408・367〔夕暮れのナパリ海岸事件〕

Memo

東京地判平成27・4・15（平成26（ワ）24391）〔弁護士法人HP写真無断使用事件〕

自社で管理する写真素材を許諾なくウェブサイトに使用したとして法律事務所を訴えた事件があります。

裁判所は、「仮に法律事務所のウェブサイト作成業務担当者が写真素材をフリーサイトから入手したものだとしても、識別情報や権利関係の不明な著作物の利用を控えるべきなのは著作権等を侵害する可能性がある以上当然であり、警告を受けて削除しただけで直ちに責任を免れると解すべき理由もない」、として被告の主張を採用していません。

●**フリー素材に関する裁判例③（ビジュアルハント写真事件）**

着物や浴衣の買取りを行う被告が、自社のウェブサイトにビジュアルハントというウェブサイトから原告の写真（黄色、茶色、橙色等の花が全体的に描かれた薄黄緑色の浴衣の上に無地の深い青紫色の帯を重ねて撮影したもの）をダウンロードしてクレジット表示なく使用していました。ビジュアルハント上では「DOWNLOAD FOR FREE」との表示がありましたが、「Check license」（ライセンスを確認せよ）との表示もあり、CCライセンス（クレジット表示は必要）によることも表示されていたという事情があります。

裁判所は、原告が付与した使用許諾条件に違反して本件写真を複製及び送信可能化し、かつ、著作者としての表示なく本件写真を公衆に提供又は提示したといえ、原告の本件写真に係る複製権、自動公衆送信権、氏名表示権を侵害したと認定しています。

結局のところ、素材を使用する人が責任をもって権利関係を確認することが求められます。自分で素材の権利関係について調査するのは手間も時間もかかり現実的ではありませんので、権利関係を明確にしているサービスを利用するほうがよいでしょう。また、使用許諾の条件がついていないかも必ず確認する必要があります。

Memo

東京地判令和4・7・13（令和3（ワ）21405）〔ビジュアルハント写真事件〕

Memo

例えば、アマナイメージズでは、素材のモデルリリース（肖像権使用同意書）、プロパティリリース（肖像権以外の権利許諾）などの権利取得状況について、ユーザーが確認できるように明示されています。また、万が一素材を使用してトラブルが発生した場合に一定限度補償する「無料免責サービス」も提供しています。
https://amanaimages.com/indemnity/index.aspx?rtm=bnr-footer

13　フリー素材は自由に使ってOK？

ま
と
め

❷フリー素材を使用する前に必ず利用規約を確認しよう。

❷モデルの写真は肖像権や使い方に注意。

❷フリー素材だと誤信したという言い訳は通らない。権利関係や使用許諾の条件の確認は素材を使用する人の責任で確認しなければならない。

 フリーで使える画像や素材が
入手できるサイト

　フリーで使える素材サイトは、国内外に多数あります。以下に、その代表的なウェブサイトを紹介します。ただし、本書の中でも解説しましたが、フリーであっても無条件で使えるとは限りません。使用の際には必ず利用規約を確認した上でルールに従って利用してください。

● 写真

【日本】
・ぱくたそ（https://www.pakutaso.com/）
・写真AC（https://www.photo-ac.com/）
・ビジトリーフォト（http://busitry-photo.info/）
・pro.foto（プロ ドット フォト）（https://pro.foto.ne.jp/）
・model.foto（モデルドットフォト）（https://model.foto.ne.jp/）
・CG.foto（CG ドットフォト）（https://cg.foto.ne.jp/）
・food.foto（フード ドット フォト）（https://food.foto.ne.jp/）
・ラブフォト（http://lovefreephoto.jp/）

【海外】
・Unsplash（https://unsplash.com/）
・Pixabay（https://pixabay.com/）
・Little Visuals（http://littlevisuals.co/）
・Gratisography（https://gratisography.com/）
・Pexels（https://www.pexels.com/）
・jay mantri（http://jaymantri.com/）
・Moose（https://photos.icons8.com/）

● イラスト

・いらすとや（https://www.irasutoya.com/）
・イラストレイン（http://illustrain.com/）
・イラストAC（https://www.ac-illust.com/）
・ベクタークラブ（http://vectorclub.net/）
・いらすとん（http://www.irasuton.com/）
・ガーリー素材（http://girlysozai.com/）
・Line illustration labo（http://loops-inc.com/lineart/）
・シルエットデザイン（http://kage-design.com/）
・human pictogram 2.0（http://pictogram2.com/）
・フラットアイコンデザイン（http://flat-icon-design.com/）

CHAPTER
3

文章・コピー

このCHAPTERでは、主にライティングに関わる著作権について解説します。特に誤解や勘違いをしやすい「引用」については、いくつかのケースをあげて紹介しているので参考にしてください。

私が
書きました

染谷 昌利（そめや まさとし）
株式会社 MASH 代表取締役

SECTION 01 キャッチコピーには著作権が ないから拝借してもいい?

Q 「いつやるの?　今でしょ!」とか、「すぐおいしい、すごくおいしい」とか、「そうだ 京都、行こう。」とか、有名なキャッチコピー・キャッチフレーズを、堂々とお店の看板やチラシに使っている人がいるけど大丈夫?

キャッチコピー・キャッチフレーズは著作物にならないことが多い

　結論をいうと、一般的にキャッチコピーやキャッチフレーズのような短い文章は著作物にならないとされます。

　著作物というための要件の一つに「創作性」があります。

　キャッチコピーのような短い言葉は世間にありふれています。例えば、「今でしょ!」という言葉は、使うタイミングや場面によっては斬新な表現になるかもしれません。しかし、その言葉自体はありふれた表現であり、個性が表れている、つまり、創作性があるとはいえません。そのため「著作物」とはいえないのです。「すぐおいしい、すごくおいしい」や、「そうだ 京都、行こう。」などでも同じで、日常的に使用する、特に目新しさのない短い言葉の羅列なので、表現の選択肢が限られてしまい、著作物とはならないことが多いのです。

　コピーライターや著者が一生懸命考えたフレーズに著作権が発生しないのは釈然としないかもしれません。ですが残念ながら、著作権法ではこのような解釈になっています。多くのキャッチフレーズが、覚えやすく印象に残るように、商品やサービスの特徴を短く表現しようとしています。結果として使用している表現に著作物といえるほどの「創作性」が認められづらくなってしまうのです。

● 「文章が短い＝著作物ではない」とは限らない

　しかし、「文章が短い＝著作物ではない」とは限りません。俳句は五・七・五の17字で、短歌は五・七・五・七・七の31字で構成されますが、著作物になることが多いです。その違いは創作性があるかになります。

　どこまでがありふれた表現であり、どこから創作性が認められるかは個別に判断されるもので、明確な基準はあり

Memo

もし自分が創作したキャッチコピーを勝手に使われないようにしたいのなら、特定の商品やサービスとの関連で「商標」を取得するとよいでしょう。商標についてはP080で解説します。

ません。ただ、有名なコピーの拝借を続けてしまうと、周囲から「創造性に乏しい人」という評価をされてしまうかもしれません。クリエイターとしては、このほうが致命的でしょう。安易に模倣することは避け、自分自身で誇れるようなコピーを考えましょう。

キャッチフレーズの著作権侵害を争ったケース

キャッチフレーズの著作権を巡って裁判になった事例もあります。以下に「創作性が認められなかったケース」と「創作性が認められたケース」それぞれについて紹介します。

● 創作性が認められなかったケース①（スピードラーニング事件）

創作性が認められなかったケースとしてスピードラーニング事件があります。被告の提供する英会話教材のキャッチフレーズが、原告の商品である英会話教材「スピードラーニング」のキャッチフレーズに酷似していると主張し、差止めと損害賠償を求めて訴えた事件です。

●原告（控訴人）キャッチフレーズ
①音楽を聞くように英語を聞き流すだけ
　英語がどんどん好きになる
②ある日突然、英語が口から飛び出した！
③ある日突然、英語が口から飛び出した

●被告（被控訴人）キャッチフレーズ
①音楽を聞くように英語を流して聞くだけ
　英語がどんどん好きになる
②音楽を聞くように英語を流して聞くことで上達
　英語がどんどん好きになる
③ある日突然、英語が口から飛び出した！
④ある日、突然、口から英語が飛び出す！

Memo
・知財高判平成27・11・10（平成27（ネ）10049）〔スピードラーニング事件控訴審〕
・東京地判平成27・3・20（平成26（ワ）21237）〔スピードラーニング事件第一審〕

　知財高裁は、「広告におけるキャッチフレーズのように、商品や業務等を的確に宣伝することが大前提となる上、紙面、画面の制約等から簡潔な表現が求められ、必然的に字数制限を伴う場合は、そのような大前提や制限がない場合と比較すると、一般的に、個性の表れと評価できる部分の分量は少なくなるし、その表現の幅は小さなものとならざるを得ない。さらに、その具体的な字数制限が、控訴人キャッチフレーズ②のように、20字前後であれば、その表現の幅はかなり小さなものとなる。そして、アイデアや事実を保護する必要性がないことからすると、他の表現の選択肢が残されているからといって、常に創作性が肯定されるべきではない。すなわち、キャッチフレーズのような宣伝広告文言の著作物性の判断においては、個性の有無を問題にするとしても、他の表現の選択肢がそれほど多くなく、個性が表れる余地が小さい場合には、創作性が否定される場合がある…。」と判示して、スピードラーニングのいずれのキャッチフレーズについても創作性を否定しました。

　ここまで似ていても、キャッチフレーズが著作物だと認められなかったため、裁判は第一審、控訴審ともに原告の敗訴となりました。

● **創作性が認められなかったケース②（すごい会議事件）**

　また、次のキャッチコピーについて類似性が争点となった裁判例があり、第一審、控訴審ともに原告キャッチフレーズの著作物性を否定しています。

> ● 原告(控訴人)キャッチコピー
> 「会議が変わる。会社が変わる。」
>
> ● 被告(被控訴人)キャッチコピー
> 「会議が変われば会社は確実に変わる！」

　裁判所は、「…原告キャッチコピーは、すごい会議の宣伝広告文言であるから、顧客の印象に残り、記憶されやすいよう、短く端的な表現が求められ、かつ、宣伝の効果がある用語を選択することが求められる。しかるところ、上記のように非常に限られた分量の表現の中で、キャッチコピーという広告媒体を用いて、上記のような用語を用いるなどして効果的にすごい会議の宣伝をしようとすれば、表

Memo
・知財高判令和3・10・27（令和3（ネ）10048）〔すごい会議事件控訴審〕
・東京地判令和3・3・26（平成31（ワ）4521）〔すごい会議事件第一審〕

現内容の点からしても選択の幅にはおのずから限りがある。

　実際に、原告キャッチコピー…は、句点を除き、わずか6文字からなる二つの文のみを組み合わせて表現されており、その長さ自体からして、他の表現を選択する余地は小さく、また「会議」、「会社」及び「変わる」という、すごい会議を端的に宣伝する用語のみが用いられていることからも、表現の選択の幅が狭いものというべきである。

　以上のように、原告キャッチコピーは、その分量の面と表現内容の面の両面から見て、表現の選択の幅が極めて小さいため、作成者の個性が表れる余地がごく限られている…。」と判断し、著作物性を否定しました。

●創作性が認められたケース（交通標語事件）

　今度は逆にキャッチフレーズの創作性が認められた事件を紹介します。これは交通標語事件と呼ばれ、チャイルドシートの普及キャンペーンに使われた標語についての裁判です。

　●原告（控訴人）スローガン
　　ボク安心　ママの膝（ひざ）より　チャイルドシート

　●被告（被控訴人）スローガン
　　ママの胸より　チャイルドシート

　東京地裁は、「原告は、親が助手席で、幼児を抱いたり、膝の上に乗せたりして走行している光景を数多く見かけた経験から、幼児を重大な事故から守るには、母親が膝の上に乗せたり抱いたりするよりも、チャイルドシートを着用させたほうが安全であるという考えを多くの人に理解してもらい、チャイルドシートの着用習慣を普及させたいと願って、「ボク安心　ママの膝（ひざ）より　チャイルドシート」という標語を作成したことが認められる。そして、原告スローガンは、3句構成からなる5・7・5調（正確な字数は6字、7字、8字）調を用いて、リズミカルに表現されていること、「ボク安心」という語が冒頭に配置され、幼児の視点から見て安心できるとの印象、雰囲気が表現されていること、「ボク」や「ママ」という語が、対句的に用いられ、家庭的なほのぼのとした車内の情景が効果的かつ的確に描かれているといえることなどの点に照らすならば、

Memo
・東京高判平成13・10・30判時1773・127〔交通標語事件控訴審〕
・東京地判平成13・5・30判時1752・141〔交通標語事件第一審〕

筆者の個性が十分に発揮されたものということができる。」と認定して原告スローガンの著作物性を認めました。しかし、被告スローガンとの類似性までは認めず、著作権侵害は否定しています。

　控訴審でも、「原告スローガンに著作権法によって保護される創作性が認められるとすれば、それは、「ボク安心」との表現部分と「ママの膝（ひざ）より　チャイルドシート」との表現部分とを組み合わせた、全体としてのまとまりをもった5・7・5調の表現のみにおいてであって、それ以外には認められない」として、被告（被控訴人）スローガンとの類似性を否定しました。

　こちらの裁判では、第一審では交通標語が俳句のような著作物として認められた事例になります。ただし、類似と認められる範囲は非常に狭いことが判示されています。

流行語大賞のフレーズであっても著作物ではない

　「インスタ映え」「爆買い」「ダメよダメダメ」「ありのままで」などなど、流行語大賞で表彰されるフレーズがあります。実はこれらも著作物にはなりません。

　これくらい短い言葉だと、表現の選択肢が限られてしまい、創作性が認められないからです。もしこのような表現を著作物として著作権者に独占させてしまうと、権利が強すぎて他の人が表現活動をするのに支障となり、バランスが悪い結果になってしまうでしょう。

まとめ

◆キャッチコピーやキャッチフレーズのような短い文章は著作物にならないことが多い。
◆俳句や短歌のような文章には創作性が認められることもある。
◆創作性が認められたとしても、類似になる範囲は非常に狭い。

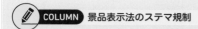

COLUMN 景品表示法のステマ規制

2023年10月1日から景品表示法のステマ規制が始まりました。ステルスマーケティングは、「外形上は事業者とは別の第三者の表示のように見えるが、実際には事業者の表示であるもの」をいいます。このように、広告の主体を偽る行為については日本では規制がありませんでしたが、景品表示法5条3項の告示として「一般消費者が事業者の表示であることを判別することが困難である表示」が加えられました（ステマ告示）。

具体的な運用については消費者庁から「『一般消費者が事業者の表示であることを判別することが困難である表示』の運用基準」（令和5年3月28日）が公表されています。

規制対象になるのは、事業者が第三者の表示内容の決定に関与している場合です。事業者から対価が払われ、この点を強調して書いて欲しいなどリクエストをしてブロガーが商品のレビュー記事を書くようなケースが典型例です。

規制対象となるのは広告主である事業者であり、ステマ規制に違反すると措置命令が出されます。インフルエンサー、ブロガー、YouTuberなどの「広告を行う人」は直接の規制対象ではありませんが、案件を依頼する事業者から、これまでよりも慎重な広告表記が求められることになります。

運用基準であげられている具体例としては、①「広告」、「宣伝」、「プロモーション」、「PR」といった表示をわかりやすくする場合や②「A社から商品の提供を受けて投稿している」といった文章による表示であれば、事業者の表示であることが明瞭になっているとされています。

他方で、大量のハッシュタグのなかに「広告」などの表示を埋もれさせる場合には、事業者の表示であることが明瞭になっていないとされるおそれがあります。

要するに、ステマ規制は、事業者の広告であるにもかかわらず、一般消費者がそう判別できない表示に対する規制です。広告主もクリエイターも案件である場合には分かりやすい記載で明示するように注意しましょう。

リライトした記事なら
著作権侵害にならない？

ライターの仕事をしている際に、クライアントから「他のライターが
書いた別の記事をリライトして」って依頼がきたんですが、これって
著作権侵害にならないの？

他人の著作物をリライトして自分の著作物にするのはトラブルの元

　リライトは、著作権者が自分で、または第三者に依頼して「自分の著作物」を再編集する行為のことです。例えば、ブログの記事内容が古くなっているので、最新のデータに修正したり、足りない情報を付加したりすることがリライトになります。このリライトであれば、もちろん著作権侵害にはなりません。

　しかし、最近は、第三者のコンテンツを無断でコピーし、元のコンテンツの主旨や構成はそのままに単語の表現を変えたり、語尾を多少変更したりするだけで「自分の著作物」として掲載する行為が散見されます。変更の程度にもよるものの、このように著作権者以外の第三者が、勝手に他人の著作物をコピーし、再編集し、自分の著作物として掲載することは複製や翻案になるため著作権侵害のリスクがあります。今回のケースでは、著作権侵害になる可能性が高いので、クライアントとの調整が必要となるでしょう。ただ、文章がどの程度似ていたら著作権の侵害となるかは、はっきりとした境界線を引くことのできない難しい問題です。

●リライトに関する裁判例（SMAPインタビュー記事事件）

　SMAPインタビュー記事事件は「SMAP大研究」という書籍を発行した被告に対し、SMAPのインタビュー記事を掲載した雑誌を出版していた出版社とSMAPのメンバーが原告となり、著作権侵害による差止めと損害賠償などを求めた事件です。裁判所が著作権侵害と認定した部分と、事実のみ同一で著作権侵害にはならないと判断した部分があります。この事件で原告が著作権侵害だと主張した箇所は100を超えるため、以下で紹介するのはごく一部です。

Memo

- 東京高判平成11・5・26（平成10（ネ）5223）〔SMAPインタビュー記事事件控訴審〕
- 東京地判平成10・10・29判タ988・271〔SMAPインタビュー記事事件第一審〕

【著作権侵害（複製権）と判断された部分】
●原告記事
ただただ友達と遊んで毎日を過ごして、やりたいことや将来のことなんて考えたくなかった。夢とか希望も特になくてさ。だから中2のとき、友達と一緒にジャニーズ事務所に履歴書送ったときも、絶対スターになりたいって思って応募したわけじゃないんだよね。「芸能人に会えるし、タダで海外に行けるし、大磯ロングビーチにも入れるぜ」みたいな（笑）、

●被告書籍
クラスの連中が勉強、進学、将来のことを考え始めている時期にさしかかっていたが、彼はやりたいことや将来のことなど全く頭になかった。夢や希望も特に持っているというわけではなく、何となく見た雑誌に載っていたジャニーズのオーディションに友達と冗談半分で履歴書を送ったのも本当に軽い気持ちだった。「芸能人にも会えるし、タダで海外にも行けるし、大磯ロングビーチにも行けるかもしれないぜ」と、素人なら誰でも純粋に思うことが理由であり、"絶対スターになりたい！"という気持ちはサラサラなかったようだ。

【著作権侵害と判断されなかった部分】
●原告記事
友達で結婚したヤツもいたしね。実は僕も、その頃は十八で結婚するのが夢だったの（笑）。

●被告書籍
学生時代の仲間の中には結婚している人も多いため、メンバー中いちばん結婚願望が強いという彼は、実は十八歳で結婚する予定だった。

出典：SMAPインタビュー記事事件第一審別紙

Memo

第三者のコンテンツを参考にしたとしても、元のコンテンツと同じ事実関係を使用しているだけであり、主張や構成が異なっていて作成者の個性が表現されている場合は元のコンテンツとは別の著作物となり、著作権侵害にはなりません。

他人の著作物をまとめるのも著作権侵害

　古い話ですが、日本経済新聞社が発行していた新聞記事を要約した上で、英訳し、無断でファックス、オンラインにより配信していたサービスが、日本経済新聞社から著作権侵害で訴えられた事件がありました（日経新聞要約翻案事件）。裁判所は、被告の要約が原告記事の翻案にあたるとして著作権侵害を認めています。少々長いのですが、参考として以下に記事を紹介します。

Memo

東京地判平成 6・2・18判タ 841・235（日経新聞要約翻案事件）その他、要約サービスが著作権侵害とされた事例として、東京高判平成6・10・27判時1524・118〔ウォール・ストリート・ジャーナル事件控訴審〕、東京地判平成13・12・3判タ 1079・283〔インターネットウェブサイト書籍要約文無断掲載事件〕があります。

●原告記事
日経産業新聞（平成4年10月28日付　7頁）
▽アップル、日本法人格上げ－4大拠点のひとつに　市場開拓弾み　販売戦略、独自に策定－
　米アップルコンピュータは日本法人のアップルコンピュータ（本社東京、社長【Ｅ】氏、資本金4億8千万円）を世界市場の4大拠点のひとつに格上げした。日本法人はこれまで、組織上はアジア太平洋地区を管轄するアップル・パシフィックの下に属していたが、今後はアップル・USA、アップル・ヨーロッパ、アップル・パシフィックと並ぶ拠点となり、国内でのマーケティング戦略などの面でより独自性を強めることになる。
　4大拠点のひとつへの格上げにより、日本のアップルは独自の販売計画などを策定することになる。日本市場向け製品の開発に対する米本社での意思決定の優先度も大幅に上がり、販売促進費などのマーケティング予算の枠も広がるものと見られる。
　これにともない日本のアップルは「チャレンジ95」と呼ぶ中期経営計画をまとめ、95年度に売上高10億ドル（約千2百億円）の達成を目指すことにした。
　アップル全体の部品調達などを担当しているアップル　オペレーション　アンド　フクノロジーズ　ジャパン（同、【Ｇ】氏、1億6千万円）も社員数を現在の15人から、今後2～3年で倍増する計画だ。
　これまで日本のアップルのこうした活動は、アップル・パシフィックが立案するアジア・太平洋地域の全体計画の枠内で進められてきた。
　日本のアップルの92年度（91年10月～92年9月）の売上

高は前年度比30％増の660億円で、アップル全体の10％に
近付いている。来年度は20％増の800億円を目標にしてい
る。

　また、米アップルは昨年からマルチメディア分野などで
シャープ、東芝といった日本企業と相次いで提携しており、
その交渉窓口としても日本のアップルの重要性が高まってい
る。米アップルは今回の日本法人の格上げをテコに、日本市
場の開拓にさらに弾みをつけたい考えだ。

●被告サービスの要約（英語）
COMLINE JAPAN DAILY:COMPUTERS via
NewsNet
THURSDAY OCTOBER29, 1992

▽ Apple Computer Upgrades Status of Japanese
Subsidiary
Apple Computer Inc. upgraded the status or its
Japanese subsidiary Apple Comprter Japan, Inc.to
ocn of the company\'s four international sectors.
The Japan unit was formerly under the jurisdiction
of Apple Pacific, the business group in charge of the
Asia-Pacific region, but the upgrade means the Japan
unit now ranks with Apple USA, Apple Europe, and
Apple Pacific.
Under the new status the Japanese subsidiary will
have more freedom to determine marketing strategy
in Japan, and will have a substantially stronger voice
in the development of products designed for the
Japanese market.
Apple Computer JApan has completed a midterm
plan which calls for sales of US$l billion in fiscal
1995.
Contact: Tel: +81-3-5562-6000
Ref:Nikkei Sangyo Shimbun, 10/28/92,p.7

●被告サービスの要約（日本語）
コムライン・ジャパン・ディリー：ニュースネットコン
ピュータ情報
1992年10月29日（木）

▽アップル、日本法人を格上げ

　アップル・コンピュータは日本法人のアップルコンピュータ・ジャパンを同社の四大国際部門の一つに格上げした。

　日本法人はこれまでアジア太平洋地域を担当するアップル・パシフィック管轄下にあったが、この格上げにより日本法人はアップルＵＳＡ、アップル・ヨーロッパ、アップル・パシフィックと並ぶことになる。

　これにより同日本法人は国内でのマーケティング戦略でより独自性を強めることになり、日本市場向け製品の開発についてもかなり発言力を高めることになる。

　アップルコンピュータ・ジャパンは95年度に売上高10億米ドルを目指す中期計画を作成している。

問い合わせ：Tel:+81-3-5562-6000

出典：1992年10月28日付日経産業新聞7頁

囲み内出典：日経新聞要約翻案事件別紙

リライト転載の対策として比喩表現を入れる

　それでは、自分のコンテンツを他人が無断で使用したときに、自分の文章を権利として守るためにできる対策はあるでしょうか？

　一つの対策として、比喩表現を入れるという手法があります。比喩表現は選択の幅が広く、創作性、つまり、作者の個性が出やすいからです。リライトする立場からすると、リライトするときに比喩表現をそのまま使用すると、著作権侵害になる可能性が上がると思ったほうがよいでしょう。

● 比喩表現に関する裁判例（著作物性を認めたケース）

　比喩表現に関する裁判例としてノンフィクション作品の事例を紹介します。大地の子事件では、「主がいなくなり、まるで魂を失ったような空き家には、日本名の名札だけがポツンと取り残されていた」との表現について、裁判所は「比喩が用いられている点などにおいて創作性を認めることができる」として著作物性を認めています。

　また、井深大葬儀事件でも「遺骨を納めた箱の大きさを『遺影の中の井深自身の手のひらにすっぽり入る大きさであった。』と表現する点に創作性を認め得る」と判示してお

Memo
東京地判平成13・3・26判時1743・3〔大地の子事件〕

Memo
東京地判平成12・12・26判時1753・134〔井深大葬儀事件〕

り、比喩表現である点を裁判所は考慮していると思われます。

　さらに、風にそよぐ墓標事件でも、比喩表現を含む「不安と疲労のために、家族たちは"敗残兵"のようにバスから降り立った。」との記述（第5記述）について著作物性が認められています。裁判所は、「敗残兵のように」との比喩表現は、形容の仕方として一般的であるとかありきたりとまでいうことはできず、家族が抱いていた不安や疲労の感情を表現するための表現方法としては他の多様な表現方法もありえるとして、創作性を認め、控訴人（第一審被告）による「敗残兵のように」との比喩表現はありふれたものであるとの主張を採用しませんでした。

Memo

知財高判平成25・9・30判時2223・98〔風にそよぐ墓標事件控訴審〕

● 比喩表現に関する裁判例（類似性について第一審と控訴審とで判断が分かれたケース）

　比喩表現に関しても、類似性の判断は難しく、裁判所でも第一審と控訴審とで判断が分かれたケースもあります。

　例えば、箱根富士屋ホテル事件では、次の表現について第一審は著作権侵害を認めた一方で、控訴審では原告表現と被告表現の共通点は表現であるとしてもごくありふれた表現に過ぎないとして類似性を否定しています。

Memo

・知財高判平成22・7・14判時2100・134〔箱根富士屋ホテル事件控訴審〕
・東京地判平成22・1・29（平成20（ワ）1586）〔箱根富士屋ホテル事件第一審〕

> **● 原告表現**
> 「正造が結婚したのは、最初から孝子というより富士屋ホテルだったのかもしれない」
>
> **● 被告表現**
> 「彼は、富士屋ホテルと結婚したようなものだったのかもしれない」

　比喩表現に限らず、個性的な表現は文章としての魅力も増しますし、著作権でも守られやすいので、覚えておきましょう。

まとめ

✓ 他人の作品をリライトして自分の著作物として発表するのは著作権侵害。
✓ 他人の著作物をまとめた場合も、著作権侵害になる可能性がある。
✓ 比喩表現を入れると著作物性が認められやすくなる。

SECTION 03 商標を持つ製品名には「®」を入れなければならないの?

商標登録されていたら®と入れなければならないと聞きました。では、ブログやレポートに「ドラえもん」のことを書こうとしたら、いちいち「ドラえもん®」と表記しなければいけないのですか?

そもそも「商標」とは

　商標とは、自分(自社)の取り扱う商品・サービスを他人(他社)のものと区別するために使用する識別標識のことを指します。特許庁のホームページには、以下のような記載があります。

> 　私たちは、商品を購入したりサービスを利用したりするとき、企業のマークや商品・サービスのネーミングである「商標」を一つの目印として選んでいます。そして、事業者が営業努力によって商品やサービスに対する消費者の信用を積み重ねることにより、商標に「信頼がおける」「安心して買える」といったブランドイメージがついていきます。商標は、「もの言わぬセールスマン」と表現されることもあり、商品やサービスの顔として重要な役割を担っています。
>
> 　このような、商品やサービスに付ける「マーク」や「ネーミング」を財産として守るのが「商標権」という知的財産権です。
>
> 出典:特許庁ウェブサイト「商標制度の概要」
> https://www.jpo.go.jp/system/trademark/gaiyo/
> seidogaiyo/chizai08.html

●商標の定義

　商標法上は2条1項で「商標」が定義されています。

第2条(定義等)
1　この法律で「商標」とは、人の知覚によって認識す

ることができるもののうち、文字、図形、記号、立体的形状若しくは色彩又はこれらの結合、音その他政令で定めるもの(以下「標章」という。)であつて、次に掲げるものをいう。

一　業として商品を生産し、証明し、又は譲渡する者がその商品について使用をするもの

二　業として役務を提供し、又は証明する者がその役務について使用をするもの(前号に掲げるものを除く。)

　商標を登録するためには特許庁に審査の申請をする必要があります(商標法5条)。審査を通過し、登録料を納付することで商標として登録され、商標権が発生します(同18条1項、2項)。商標権は日本国内すべてに効力が及ぶ権利で、商標登録されことで商標を持つ権利者は出願の際に選択した指定商品又は指定役務について登録商標を独占的に使用できるようになります。

　また、第三者がその登録した商標を使用して権利を侵害する場合、侵害行為の差し止め(同36条)や損害賠償(同38条)などを請求できます。

　なお、商標権の存続期間は設定登録の日から10年ですが(同19条1項)、存続期間の更新登録の申請によって何度でも更新することができます(同19条2項)。

R(®)マークとは

　R(®)マークとは、特許庁で商標登録済みであることをあらわす記号です。商標が登録されると、他社(他人)がその商標を無断に使うことができなくなります。しかし、一般の人はその商品名やサービス名が商標登録されているのかどうかがわかりません。

　権利者自身がその商品やサービスに®マークを記載することで、第三者はその商品名やサービス名を無断で使用できないことを認識できるのです。

　よって、®マークを記載すると、第三者が勝手に商標を使用しないよう牽制することが可能になります。なお、一般的な日本語入力ソフトでは「とうろくしょうひょう」と入力すれば「®」という文字が変換されます。

Memo

マルアールと入力すると変換される入力ソフトもあります。

「Ⓡマークを表示しなければならない」というルールはない

　では、商標登録された商品を文章にする場合、Ⓡマークを表示しなければならないのでしょうか？

　結論からいうと、その必要はありません。そもそも、Ⓡマークを表示したところで、「商標」を使用していることにもなりません。

　「商標」とは、その登録した言葉をどのような使用方法でも独占できる制度ではなく、あくまで指定商品、指定役務との関係で出所を示すときに独占的に使用できるようにする制度だからです。最初のケースであったような、ブログやレポートで「ドラえもん」のことをテーマとする場合でも、Ⓡマークを表示する必要はありません。また、「ドラえもん」という言葉を、何らかの商品や役務の出所を示すために使用しているわけではないので、登録商標の使用にもなりません。

CHAPTER 3　文章・コピー

Memo

商標法26条1項6号は、「需要者が何人かの業務に係る商品又は役務であることを認識することができる態様により使用されていない商標」は、商標権の効力が及ばない、と規定しています。

● 商標権をとったら常にⓇマークを記載しなければならないの？

　商標権をとった場合に必ずⓇマークを記載する必要があるかというと、そうではありません。実は、日本ではⓇマークの記載を義務付けてはいません。日本の商標法は、次のように定めています。

> 第73条（商標登録表示）
> 商標権者、専用使用権者又は通常使用権者は、経済産業省令で定めるところにより、指定商品若しくは指定商品の包装若しくは指定役務の提供の用に供する物に登録商標を付するとき、又は指定役務の提供に当たりその提供を受ける者の当該指定役務の提供に係る物に登録商標を付するときは、その商標にその商標が登録商標である旨の表示（以下「商標登録表示」という。）を付するように努めなければならない。

　「その商標（商標登録した商品）が、登録商標である旨の表示を付するように努めなければならない。」と書かれていますが、要は日本の商標法ではⓇの表示は努力義務となっており、表示していなくても罰則などはないのです。

　とはいえ、登録商標である旨を権利者が表示しておくこ

とは決して悪いことではありません。説明したとおり、Ⓡマークを記載することにより、商標登録されていることをアピールして、第三者が勝手に商標を使用しないよう牽制することが可能になるからです。

　各商標には登録番号があるので、それを固有名詞（商標登録された商品やサービス）とともに表示します。例えば、私、染谷昌利（私の会社である株式会社MASH）が権利者となっている商標「ブログ飯」には商標登録第5886360号という番号が付されています 01。

　これを掲載する場合は、「ブログ飯　商標登録第5886360号」や、「"ブログ飯"は株式会社MASHの登録商標です」といった形で掲載すればよいでしょう。表記の方法は法律で決められているわけではないので、位置や文字の大きさなどは自由です。多くの場合、（R）やⓇといった文字で商標の記載をしています。一般的には固有名詞の後に付けて「ブログ飯Ⓡ」と表記することが多いです。登録番号と違い、少ない文字数で表記できますのでよく使用されています。このように、日本国内の商標法上では「商標の登録番号はできるだけ表記しましょう」という努力義務以外にルールはありません。

Memo

商標法74条では、商標登録されていないにもかかわらず商標の表示をするなどの虚偽表示は禁止されています。こちらには罰則があり、違反すると3年以下の懲役または300万円以下の罰金が科される可能性があります（同80条）。

01 商標登録証

まとめ

✓商標とは、自分（自社）の商品・サービスと他人（他社）の商品・サービスを区別する識別標識。

✓ブログで登録商標に言及しても商標の使用にはあたらない。

✓Ⓡマークの記載は、その商品やサービスが商標登録されていることをアピールすることになる。

SECTION 04 どの程度の引用なら許されるの？ ～著作権と引用ルール～

書籍のなかで、X（旧 Twitter）に投稿された文章を引用したいと思うんですが、どの程度なら許されますか？ それと、引用する際のルールについても知りたいです。

引用の5条件

著作権法32条1項では、「公表されている著作物を引用して利用できる」とされています。ただし、一定の条件をみたすことは必要です。この「一定の条件」は、以下の5つに整理できます。引用が争点となり、適法引用と認めた KuToo 事件控訴審を題材にして条件の中身を確認していきましょう。

KuToo 事件は、被告の書籍『#KuToo（クートゥー）：靴から考える本気のフェミニズム』のなかで原告のツイート「逆に言いますが男性が海パンで出勤しても #kutoo の賛同者はそれを容認するということでよろしいですか？」を複製して、批判する文章を掲載した行為に対して、原告が著作権侵害で訴えた事件です 01 。被告はツイッターに「職場でハイヒールやパンプスの着用を女性に義務付けることは許容されるべきではない」との投稿をして多数の賛同を得たことをきっかけに「靴」と「苦痛」に「#MeToo」を掛け合せた「#KuToo」と称する活動をしています。

Memo

第32条（引用）

1 公表された著作物は、引用して利用することができる。この場合において、その引用は、公正な慣行に合致するものであり、かつ、報道、批評、研究その他の引用の目的上正当な範囲内で行なわれるものでなければならない。

Memo

・知財高判令和4・3・29（令和3（ネ）10060）〔KuToo 事件控訴審〕
・東京地判令和3・5・26（令和2（ワ）19351）〔KuToo 事件第一審〕

01 『#KuToo（クートゥー）：靴から考える本気のフェミニズム』の見開き

出典：KuToo 事件控訴審

● ①公表された著作物であること

　著作権者が公表した著作物が引用の対象となります（著作権法4条1項）。著作権者が未公表の著作物は引用だからといって無断で公表することはできません。また、手紙やメールなどの特定の人に宛てられた著作物も公表されたとはいえないため、この条件をみたしません（P098参照）。KuToo事件でのツイートはTwitter上で公開されているので、この条件は問題ないですね。

● ②「引用」であること

　「引用」の定義は著作権法にはありません。KuToo事件では次の2つの条件をみたすことが必要とされています。

・区別性 引用部分は他の部分と明瞭に区別されている

　引用はカギカッコや斜体などで、どこからどこまでが引用か区別されていなければなりません。例えば、利用する側の表現と利用される側の著作物とが渾然一体となってまったく区別されず、それぞれ別の者により表現されたことを認識し得ないようなときには引用にはなりません。

・主従関係 自分の文章が「主」、引用部分は「従」である

　引用はあくまでも補足的情報で、主となる内容は自分のオリジナルの文章であることが求められます。また、量と質の両面から、どちらが主なのかが判断されます。

　なお、この区別性と主従関係については様々な整理の仕方、見解があります。明確な決まりはありませんが、誰が見ても「引用」だとわかるような表記と配分を心がけるようにしましょう。

　KuToo事件では、原告ツイートは、書籍の見開きのうち、左頁上段に原告のアカウント名、ユーザー名及びツイートのURLとともに全文が掲載され、その下の少し離れた位置に被告の引用ツイートが掲載されているものであり、その記載事項、掲載形式、外観からして、利用される側の原告ツイートと、その他の部分とを明瞭に区別して認識することができる、と判断されました。

　また、原告ツイート記載部分は見開き2頁のうちの左頁上段の5行（本文部分3行）にすぎず、同頁の他の部分には、原告ツイートに反論する被告ツイート6行（本文部分5行）

Memo

この引用の条件は、特に「区別性」と「主従関係」の位置付けについては様々な整理の仕方、見解があります。どこに位置付けられるにせよ、引用の5条件をみたせば適法な引用になります。

04　どの程度の引用なら許されるの？　～著作権と引用ルール～

が、右頁には、全体にわたり被告の批評が記載されていることからすれば、形式的にも内容的にも、被告ツイートやコメントが主であり、原告ツイートが従である、と認定されています。

● ③引用による利用行為が「公正な慣行」に合致し、「引用の目的上正当な範囲内」であること

・「公正な慣行」と合致

「公正な慣行」は、著作物の属する分野や公表される媒体等によって異なりえるもので、分野や公表媒体等における引用に関する公正な慣行の存否を認定した上で、引用がその慣行に合致するかが判断されます。

そして、著作物の属する分野や公表される媒体等において引用に関する公正な慣行が確立していない場合でも、引用が社会通念上相当と認められる方法等によるときは「公正な慣行に合致する」と判断されます。

KuToo事件では、書籍に他人のツイートを引用する場合は、特に確立した慣行が存在するとは認められないが、本件見開きは、原告のアカウント名、ユーザー名及びツイートのURLとともに、全文を掲載されているものであり、掲載形式や外観からしても、一見して他人のツイートを引用していると看取でき、また、原告ツイートの本文は3行であり、読者がその趣旨を理解するためには全文を掲載することが必要であったとされました。

裁判所は、原告ツイートの引用方法は社会通念上相当であり、「公正な慣行に合致する」と認定しています。

・「引用の目的上正当な範囲内」

引用は目的に応じて適切な量を使用し、引用しすぎてはいけません。ここでは著作権者への経済的な影響の有無など様々な事情が考慮されます。法律の条文には、引用の分量についての具体的な数字はありません。裁判例では、①引用の目的の内容と正当性、②引用の目的と引用された著作物との関連性、③引用された著作物の範囲と分量、④引用の方法と態様、⑤引用により著作権者が得る利益と引用された側が被る不利益の程度などを総合的に考慮して判断するとされています。

KuToo事件では次の点が考慮され、「正当な範囲内」と判断されています。

Memo
KuToo事件控訴審の判示を参照しています。

Memo
なお、引用の必然性を求める見解もありますが、そこまで厳格な解釈は必要ないという理解が一般的です（中山信弘『著作権法〔第4版〕』（有斐閣、2023）421頁、作花文雄『詳解 著作権法〔第6版〕』（ぎょうせい、2022）352頁）。

- 本件見開きの目的は、本件活動を非難、中傷等するツイッターに対し、実際のツイートを個別に引用し、批評することにより、本件活動の意義や真意について読者に伝えることにあり、原告ツイートに関しても目的と関連すること
- 本件見開きには、原告ツイートの全文が掲載されているが、原告ツイートは50字程度の1文から成り、内容を理解するためには、全部を掲載することが必要かつ相当なので、引用により利用された著作物の範囲と分量は相当であったこと
- 本件ツイートの引用部分には、原告ツイートの「#KuToo」が「#kutoo」と表記されているが、これは誤記であり、引用の方法又は態様が不適切であるということはできないこと
- 本件見開きは、原告ツイートに対する批評であるが、原告は、これに対してツイッター上で反論することは容易であり、原告が本件見開きにより経済的な不利益を被っていないこと

●④出典の明示

　誰が書いた何という文章かの出典を明らかにしていることが必要です。ウェブサイトであれば記事タイトルとURLが該当します。書籍であれば著者名、書名、出版社、出版年の明記。雑誌であれば、雑誌名、号数、出版社、出版年、引用箇所の掲載頁を明記することが好ましいです。

　KuToo事件では、引用の条件として出典の明示はあげられていませんが、ツイートの掲載ですので、出典は明らかといえるでしょう。

●⑤引用部分を改変していない／引用した文章を勝手に編集してはいけない

　要は引用部分を勝手に改変しないということです。これは同一性保持権（著作権法20条1項）に配慮しなければいけないためです。

　KuToo事件でも、原告は原告ツイートのハッシュタグ化されていない「#kutoo」を、書籍内でハッシュタグの意味で用いられている「#KuToo」に改変した行為は同一性保持権を侵害すると主張しました。しかし、裁判所は、本件ツイート中の「#kutooの賛同者」は、「本件活動（「#KuToo」と称する活動）に賛同する者」を意味するもので、これを「#KuTooの賛同者」としても、意味は異ならないし、表記上の差異も「k」と「t」の各文字が大文字となっているにすぎず、原告ツイートのそのほかの部分は本件見開きにそのまま掲載されていることからすれば、原告ツイートは実質的に変更がされていないし、また、書籍の読者

Memo

厳密には、出典の明示（著作権法48条1項1号）は引用の要件ではないという見解も有力ですが（中山信弘『著作権法〔第4版〕』（有斐閣、2023）422頁）、「公正な慣行」として出典の明示も考慮する判決もあります（東京高判平成14・4・11（平成13（ネ）3677）〔絶対音感事件控訴審〕、知財高判平成30・8・23（平成30（ネ）10023）〔沖縄うりずんの雨事件控訴審〕）。いずれにせよ、出典は明示するようにしましょう。

Memo

東京高判平成12・4・25判時1724・124〔脱ゴーマニズム宣言事件控訴審〕では、漫画のカットの配置を変更した行為について同一性保持権侵害とされています。

も「#KuToo」を「#kutoo」と表記することにより、原告ツイートの意味内容を誤解することはないとして、同一性保持権の侵害を否定しています。

　このようにルールさえしっかり守れば、参考となる文章を掲載することは著作権法で認められていますので、有益に活用しましょう。言い換えれば、引用5条件を一つでも外れてしまうと著作権侵害となります。

歌詞の引用

　引用の対象になる著作物の種類は何も限定されていません。そのため、歌詞も文章と同様に引用のルールを守れば利用可能です。ただし、歌詞の一部の引用ではなく歌詞を丸ごと載せてしまうと、引用の範囲を外れる可能性もあります。その場合、一般社団法人音楽著作権協会（JASRAC）などの著作権管理団体から許諾を取り、使用料を支払うのが一般的です。なお、JASRACとの利用許諾契約を締結しているサービスを利用すれば利用者自身の支払いは発生しません。

　JASRACとの利用許諾契約が結ばれているサービスは、JASRACウェブサイトで公表されています。具体的には、ブログであれば、アメーバブログ、ライブドアブログ、Seesaaブログ、Yahoo!知恵袋などがあります。これらはサービス運営者がJASRACと包括的な契約締結をすることで、ブログ内で歌詞掲載が可能になっています。

　動画サイトであれば、ニコニコ動画、YouTube、TikTok、Instagram、Facebookが該当します。プロモーションビデオ、ミュージックビデオをそのまま掲載する行為は著作権やレコード会社の著作隣接権の侵害になるのでNGですが、「歌ってみたシリーズ」は利用許諾契約のためOKになっています。

Memo

JASRACとの利用許諾契約が結ばれているサービス
http://www.jasrac.or.jp/info/network/ugc.html

ケース別の引用方法例

　ブログやSNSにおける具体的な引用の例について、ケースごとに解説します。

●ブログで他人の投稿、コメントを掲載する場合

　ブログには読者からのコメントが寄せられることがあり

ます。これらのコメントは、短文でありふれた表現であることが多く、その場合は著作権が発生しないこともあると考えられます。ただ、長文であったり、あわせて画像も投稿されていたりする場合には、著作権が発生することも十分ありえます。

コメントの利用は、読者とのコミュニケーションにもなるので、大きな問題になることは、まずありません。ですが万が一に備えて、ブログの利用規約などで「投稿されたコメントは記事内での利用が可能」な旨を記載し、可能であればコメント記入時に許諾を得るように設定しておきましょう。

なお、一般的なブログサービスでは、コメントを投稿した時点で著作権に関して「サービス提供会社」または「ブログ管理者」に移転したり、使用許諾したりするという規約を設けています。しかし、投稿者がコメントを投稿すると規約に同意したとまで認められるかは定かではなく、契約の有効性の問題になります。

Memo
経済産業省「電子商取引及び情報材取引等に関する準則」（令和4年4月）209 〜 210頁参照

ブログ管理者がコメントを使用したい場合は、著作権が譲渡されたとは考えず、適法な「引用」として利用するのが安全です。

 COLUMN オンラインセミナーでの著作物の利用

コロナの時代を経て、オンラインでのセミナーやレクチャーが行われる機会が格段に多くなりました。このようなオンラインでのセミナーやレクチャーでも引用（著作権法32条1項）に当たれば著作物を利用することができます。

引用は利用方法に制限はなく、紙媒体でもオンラインでも引用の条件をみたすことで著作物を利用することができます。また、商用目的でも利用可能で、補償金の支払いも必要ありません。

なお、無料のオンラインセミナーの場合、営利を目的としない上演等（著作権法38条）として、著作物を利用できると思われるかもしれません。

しかし、この営利を目的としない上演等は、要件をみたす場合、「公に上演し、演奏し、上映し、又は口述することができる」と規定しています（著作権法38条1項）。著作権法では、「オフライン」と「オンライン」を区別していて、この規定は、オフラインで目の前にいる人に向けて上演等が行われる場面に適用されます。オンラインで公衆に提供する利用方法（公衆送信）には適用がありませんので、注意しましょう。

● FacebookやXなどのSNS投稿を掲載する場合

投稿を単純にコピー＆ペーストするのは著作権侵害となります。ただし、各SNSの埋め込み機能を利用すれば問題ありません。各SNSの利用規約には、埋め込み機能を使っての利用を承諾する旨が記載されています。埋め込み

機能の利用は簡単なので、ぜひ活用しましょう **02** **03** 。

02 Xのポストを埋め込む

03 Facebookの投稿を埋め込む

● YouTube動画を掲載する場合

　YouTubeの投稿も埋め込みができます **04** 。なお、埋め込み自体はリンク先のサイトからユーザーに著作物のデータが直接送信されるため、原則として著作権侵害ではありません。しかし、TV番組や有名人のPV集の無断アップロードなど動画自体が著作権侵害であることを知りながら、または不注意で埋め込みをする行為は、著作権侵害の幇助になるおそれがあるので注意が必要です。

> **Memo**
>
> ・大阪地判平成25・6・20判時2218・112〔ロケットニュース24事件〕
> ・知財高判平成30・4・25（平成28（ネ）10101）〔リツイート事件控訴審〕
> ・東京地判令和4・4・22（平成31（ワ）8969）〔モバイルレジェンド事件〕

04 YouTube動画を埋め込む

> **Memo**
>
> 札幌地判平成30・5・18（平成28（ワ）2097）〔ペンギンパレード事件〕

● Xでのスクリーンショットによる引用

　Xで他人のツイートのスクリーンショットを添付してツイートした行為について「引用」になるか争われた裁判があります。第一審は引用を否定したのに対し、控訴審は引用になると判断しました。

　具体的には、控訴審では、「批評に当たり、その対象とするツイートを示す手段として、引用リツイート機能を利

> **Memo**
>
> ・知財高判令和5・4・13（令和4（ネ）10060）〔Twitterスクショ引用事件控訴審〕
> ・東京地判令和3・12・10（令和3（ワ）15819）〔Twitterスクショ引用事件第一審〕

用することはできるが、当該機能を用いた場合、元のツイートが変更されたり削除されたりすると、当該機能を用いたツイートにおいて表示される内容にも変更等が生じ、当該批評の趣旨を正しく把握したりその妥当性等を検討したりすることができなくなるおそれがあるのに対し、元のツイートのスクリーンショットを添付してツイートする場合には、そのようなおそれを避けることができる…。そして、…現にそのように他のツイートのスクリーンショットを添付してツイートするという行為は、ツイッター上で多数行われている…。以上の諸点を踏まえると、スクリーンショットの添付という引用の方法も、著作権法32条1項にいう公正な慣行に当たり得る」と判断しています。

● **イラストや写真、動画を掲載したい場合**

　引用のルールを守っていれば、イラストや画像も掲載可能です。例えば、マンガのコマについても、解釈・批評を行うために引用として使う必要がある場合は問題ありません。動画についても同様です。

　ただし、違法アップロードされた画像や動画を引用すると、出典として記載したURLが違法コンテンツへの誘導になる可能性があります。引用する場合は公式がアップロードした画像や動画以外の引用は避けるべきです。

Memo

引用の条件をみたさなくても著作権者が許可していれば、もちろん利用可能です。しかし、どのような利用に許可を出すかはあくまで著作権者のスタンスによります。例えば、アニメーターが漫画家（著作権者）の許可なく色紙にイラストを描きプレゼントすることに関して、森川ジョージ（『はじめの一歩』作者）は偽サイン等がオークションで出回っている事情も指摘して反対の立場である一方、奥浩哉（『GANTZ』作者）はアニメーターに自由に色紙などのイラストに使用して欲しいと述べています。これはいずれが正しいという問題ではなく、著作権者の決定すべき事項となります。著作権者のスタンスを尊重するようにしましょう。「奥浩哉氏　アニメーターのイラスト配布『自由に。金銭が発生してもOK』『はじめの一歩』作者が糾弾し物議」スポニチ Sponichi Annex（2023年10月21日）。

 COLUMN SNSのアイコン

　SNSのアイコンなどに、芸能人やキャラクターの画像を「引用」や「私的使用目的の複製の範囲」として使用している人がいます。これらは著作権侵害になります。まず、条件をみたさないので引用にはあたりません。また、私的使用目的だと主張しても、インターネット上での利用は「個人的に又は家庭内その他これに準ずる限られた範囲内」ではないことが明確なので私的使用目的の複製にもなりません。

Memo

知財高判令和3・5・31（令和2（ネ）10010、10011）〔ツイッター・プロフィール画像事件控訴審〕

 まとめ

✓ 引用は適法引用の5条件をみたす場合に限り認められる。

✓ 文章のみならず、画像や動画も5条件をみたせば引用可能。

✓ SNSの投稿を引用する場合はできるだけ埋め込み機能を利用しよう。

SECTION 05 本や新聞の紙面、表紙を撮影して掲載するのは引用にあたるの？

本や新聞、雑誌でよい記事を読んだので、紙面を撮影して自分のブログやFacebookで紹介したい！ 表紙画像をブログで使いたい！ でも、無許可で掲載してしまって大丈夫でしょうか？

紙面を撮影した画像の公開は原則として著作権侵害

結論からいうと、「本や新聞の紙面を撮影して掲載する」ことは複製になり、原則として著作権侵害となります。

● ウェブサイトでの公開は「私的使用」とはならない

私的使用については「個人的に又は家庭内その他これに準ずる限られた範囲内」における使用を目的とする場合には、使用者は著作物を複製することができると規定されています（著作権法30条1項）。

例えば、書籍を裁断して電子化する、いわゆる自炊行為は、「著作物の私的使用」となり著作権者の許諾なしに可能です。スマートフォンやデジカメで撮影しても、個人の利用の範囲内であれば著作権侵害には問われません。

しかし、ウェブサイトで公開すると、利益を目的としない個人の趣味であったとしても、「不特定多数の人が閲覧可能な状態」となります。そのため、「個人的に又は家庭内その他これに準ずる限られた範囲内」とはいえず、私的使用目的の複製にはなりません。

Memo

公開目的での撮影は複製権の侵害に、その写真をインターネット上で公開した場合は公衆送信権の侵害に該当します。

なお、私的使用を目的とする複製は使用する人が自ら行う必要があります。業者を使った自炊代行は私的使用にはあたりません（知財高判平成26・10・22判時2246・92〔自炊代行事件控訴審〕）。

Memo

東京地判令和4・11・8（令和4（ワ）2229）〔生命の實相事件〕は、「著作物の使用範囲が『その他これに準ずる限られた範囲内』といえるためには、少なくとも家庭に準じる程度に親密かつ閉鎖的な関係があることが必要である」と判示しています（P060参照）。

引用の条件をみたせば掲載可能

一定の条件をみたした「引用」であれば、著作権者に許可を得なくてもウェブサイトに掲載することが可能です。著作権法32条1項には「引用」について以下のように明記されています。

第32条

1　公表された著作物は、引用して利用することができる。この場合において、その引用は、公正な慣行に合致するものであり、かつ、

報道、批評、研究その他の引用の目的上正当な範囲内で行なわれるものでなければならない。

なお、P084で解説したとおり、具体的には以下の5つの要件をみたすものが適法な「引用」となります。

①公表された著作物であること
②引用(「区別性」と「主従関係」があること)であること
③「公正な慣行」に合致し、「引用の目的上正当な範囲内」であること
④出典を明示すること
⑤引用部分を改変しないこと

例えば、簡潔な解説文だけを加えて、雑誌や新聞の記事を1ページ丸々撮影した写真をブログやSNSに掲載する行為は、引用の範囲を大きく超えると考えられます。「出典を明記すれば引用になるのでは?」と考える方もいるかもしれませんが、このような掲載では引用の条件である主従関係をみたさないので、著作権侵害になる可能性が高いと思われます。

●引用に関する裁判例(がん闘病記転載事件)
　実際に裁判になった事例を紹介します。がん患者が治療の体験を元にした記事を月刊誌で連載していたところ、その患者を診ていたクリニックがウェブサイトに連載記事を無断で転載したことから裁判になった事件です。
　この事件では、「子パンダさんはどのようにして9度の告知を乗り越えてきたのでしょうか?　その鍵となる医師との連携とは?」「手術・放射線・抗がん剤、それぞれに専門医がいるがん治療でどのように医師を選んだらよいのでしょうか?」、などの一文に続けて「当クリニックの患者さん(ニックネーム:子パンダさん)の手記が"ちょっと役立つ!子パンダ.COM"として『がん治療最前線』に掲載中です。今回は○○年○月号分をお届けします。」と記載し、記事を数ページにわたって掲載する体裁になっていました。

　裁判所は、「その分量、内容からして、引用して利用する側の著作物と引用されて利用される側の著作物との間に、前者が主、後者が従の関係があるものと認めることはできない。」として「引用」にはあたらないと判断しています。

Memo
東京地判平成22・5・28(平成21(ワ)12854)〔がん闘病記転載事件〕

このように、簡潔なリード文のみで、記事を引用するような掲載は、適法な「引用」の要件をみたしませんので、注意しましょう。

● 本や雑誌の表紙画像の取り扱い

本や雑誌の表紙画像を自分のブログに使いたい、という場面があると思います。本や雑誌の表紙にも様々なものがありますが、多くの表紙は著作物となりうるものです。書籍の表紙について著作物性を認めた裁判例として入門漢方医学事件があります 01 。

01 著作物性が認められた『入門漢方医学』表紙

出典：アマゾン『入門漢方医学』ページ

本の表紙を自分のブログで使いたいときにも、原則として著作権者の許可が必要となります。繰り返しになりますが、引用として許可なく使えるのは、あくまで引用の5条件をみたす場合に限られます。本や雑誌の表紙画像を掲載するのは、本の宣伝にもなるからよいのではないか、と思われるかもしれません。確かに、そのような側面もありますが、表紙画像の取り扱いについては出版社によって方針が様々です。

● 表紙の画像を使いたい場合は出版社のサイトを確認

前述したとおり、表紙画像を無断で掲載すると著作権侵害になります。ただ、出版社によっては、表紙画像の使用を許可していることもあります。

例えば、岩波書店は、「書影（表紙画像）のご利用について」というガイドを出しています。そこでは、書籍を紹介する場合、「書誌情報を明記すること」「トリミングを行わないこと」「ウェブで公開する場合はURLを知らせること」

CHAPTER 3　文章・コピー

Memo

東京地判平成22・7・8（平成21（ワ）23051）〔入門漢方医学事件〕

Memo

岩波書店
https://www.iwanami.co.jp/files/rights/01.pdf

講談社
http://www.kodansha.co.jp/copyright.html

小学館
https://www.shogakukan.co.jp/picture

Memo

「新聞各社の著作権ポリシー」
新聞著作権に関する日本新聞協会編集委員会の見解
https://www.pressnet.or.jp/statement/copyright/780511_87.html

ネットワーク上の著作権について
http://www.pressnet.or.jp/statement/copyright/971106_86.html

読売新聞の著作権ポリシー
https://www.yomiuri.co.jp/policy/copyright-conditions/

朝日新聞の著作権ポリシー
http://www.asahi.com/policy/copyright.html

毎日新聞の著作権ポリシー
https://mainichi.jp/info/etc/copyright.html

など、ガイドの条件に従っていれば基本的に著作権者、出版社への許諾申請は不要と明示しています。

● **許可を取って紙面を掲載する場合**

　一般的に新聞社や出版社の記事や写真の転載・利用を希望する場合、各社指定の方法で利用申し込みを受け付けています。許諾を得て、利用料を支払うことで記事などを掲載することができます。引用にはあたらない方法で公開したい時は問い合わせてみましょう。

 COLUMN 時代と考え方によって変わる著作権の取り扱い方

　SNSでは、頻繁に新聞や書籍を撮影した画像がシェアされています。前述したとおり、これらは厳密にいえば著作権侵害となります。ですが、これらがすべて著作権法違反として摘発されているかというと、実際はそうではありません。著作権侵害は原則として親告罪のため、著作権者が告訴しなければ利用者が罪に問われることはありません。著作権を侵害している場合でも、著作権者自身がメリットを感じていれば、無断利用を黙認することもあるでしょう。黙認ではなく著作権者がガイドライン等で明確に利用を認めてくれれば、利用者も安心して利用することができるので望ましい運用といえます。

　YouTubeでのゲーム実況は代表的な事例です。好意的に著作物を取り上げてもらえれば宣伝になり、著作権者の利益になるという判断が働くわけです。ゲームメーカーは、ゲームの配信に関してガイドラインをつくり公表しています。ガイドラインの範囲であればゲーム実況を認めているわけです。例えば、任天堂は、「ネットワークサービスにおける任天堂の著作物の利用に関するガイドライン」を、KONAMIはゲームタイトルによって、動画投稿ガイドラインを公表しています。

　しかし、当然ながらガイドラインに違反してゲーム実況やゲームプレイ動画をYouTubeにアップロードすれば、著作権の侵害になります。2023年5月17日には、実際にニトロプラスらが著作権を有するゲーム「シュタインズ・ゲート　比翼恋理のだーりん」をガイドラインに違反してYouTubeにアップロードしたことで逮捕され、同年9月には懲役2年、執行猶予5年、罰金100万円の有罪判決が出ています。あくまでガイドラインで認められているから、著作権侵害にならないことを理解しておきましょう。

Memo

一般社団法人コンテンツ海外流通促進機構「ガイドライン違反の『ゲームプレイ動画』アップローダーを逮捕」（2023年5月18日）、同「ガイドライン違反の『ゲームプレイ動画』アップローダーに有罪判決」（2023年9月7日）

**ま
と
め**

✅紙面や表紙を撮影した画像の掲載は原則として著作権侵害になる。

✅紙面や表紙については、引用の5条件をみたせば、掲載可能。

✅わからない場合は各出版社に問い合わせてみよう。

転載と引用ってどう違うの?

よくウェブサイトに「無断転載禁止」と書かれていますが、これって引用もだめってことなんですか? 引用は著作権法では許された行為なんですよね? そもそも、転載と引用って別物なの?

「転載」とは

「転載」とは、一般に、すでに公開されている書物、新聞、雑誌、ウェブサイトなどに掲載されている文章や写真、イラストなどを、他の媒体に載せることです。無断で他人の著作物を転載する行為は著作権者の複製権の侵害になります。そのため、転載をする場合は、著作権者の許諾が必要となります。文章や写真などを使用したい場合は、著作権者に連絡を取り、許諾を得るのが原則です。

● 転載可能な著作物

著作権法で、出所を明示すれば著作権者の許可なしに転載してよい著作物があります。代表的なものとしては国や地方公共団体などが作成した資料があります(32条2項)。

● 転載する場合の注意

転載をする場合、元の文章や写真を改変、加工してはいけません。また、転載元となる文章や写真と自分の表現部分とを枠で囲うなどして明確に区別できるように表記しましょう。これは、引用のときと同様です。ただし、このような著作物でも「転載禁止」の表示がある場合には転載はできないので注意してください。なお、「転載禁止」の表示があっても適法な「引用」の条件を守って引用することは可能です。

「転載」と「引用」の違い

「引用」とは、第三者の文章などを、自分の文章の中に織り交ぜて紹介することを指します。つまり、引用も転載の一種です。著作権法の引用の要件をみたしていれば適法な

Memo

「転載」の定義は著作権法にはありません。新村出編『広辞苑〔第7版〕』(岩波書店、2018) 2024頁では、「既刊の印刷物の文章・写真などを他の印刷物に移し載せること」とされています。また、中山信弘『著作権法〔第4版〕』(有斐閣、2023) 428頁では、「転載とは著作物の全部あるいは一部をそのまま掲載すること」を指すとされています。

Memo

第32条(引用)
2　国若しくは地方公共団体の機関、独立行政法人又は地方独立行政法人が一般に周知させることを目的として作成し、その著作の名義の下に公表する広報資料、調査統計資料、報告書その他これらに類する著作物は、説明の材料として新聞紙、雑誌その他の刊行物に転載することができる。ただし、これを禁止する旨の表示がある場合は、この限りでない。

「引用」になり、みたさなければ「転載」となるのです。適法な「引用」になるためには引用の5条件をみたしている必要があります。自分の文章の内容を充実させるために第三者の論説を一部掲載し、その情報を基に自分の考えを述べていく形式であれば適法な引用となりやすいでしょう。引用部分のほうが多い場合は単なる転載になり、適法な「引用」にはあたりません 01 。原則どおり著作権者の許可を得るようにしましょう。

Memo
引用の5条件
①公表された著作物であること
②「引用」であること(区別性と主従関係)
③「公正な慣行」に合致し、「引用の目的上正当な範囲内」であること
④出典を明示すること
⑤引用部分を改変していないこと

01 転載と引用の違い

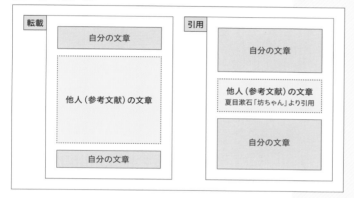

「無断転載禁止」の表示があっても引用は可能

「転載」と「引用」の大きな違いは、著作権者の許可が必要かどうかです。簡単なリード文だけ自分で書いて、雑誌の記事を丸ごと掲載する方法では「引用」の範囲を超える「転載」として著作権侵害になるので、著作権者の許可が必要です。一方、引用の条件をみたしていれば、たとえ「無断転載禁止」と表示されていても引用は可能です。単に「無断転載禁止」という表示がある場合、著作権法で認められた適法な引用まで禁止する趣旨ではないと考えられます。「著作権法で認められた例外を除き」無断転載を禁止するという記載も多く行われており、これも適法な引用は可能です。

Memo
なお、あまり場面としては多くなさそうですが、契約で個別にある著作物について引用しない、と「明確に」取り決めた場合には有効であることを前提としたほうがよいでしょう(島並良=上野達弘=横山久芳『著作権法入門〔第3版〕』〔有斐閣、2021〕178-179頁〔島並良〕参照)。

ま
と
め
- ✔転載と引用の大きな違いは、著作権者の許可が必要かどうか。
- ✔条件をみたしていれば「無断転載禁止」とされていても引用は可能。
- ✔条件をみたしていない場合は著作権者に転載の許可を得なければならない。

メールや手紙、メールマガジンからの引用はできるの?

 友人からのメールや愛読しているメルマガで、すごくいい話が載っていたのでブログで紹介したりSNSでシェアしたりしたいんですが、これって著作権侵害にあたるの?

メールや手紙の引用は原則できない

これまで、引用の条件をみたしていれば第三者の文章でも許可なく使っても著作権侵害にはあたらないという説明をしてきました。ただ、個人宛のメールや手紙については、基本的に公表を予定したものではないので「公表された著作物」を対象とする「引用」は認められません。

● 手紙やメールにも著作物性は認められる

手紙も、よほどの定型的で誰が書いても同じような表現になる文章でない限り著作物になると解釈されています。そのため、無断でウェブサイトに掲載すれば、複製権、公衆送信権の侵害になります。また、著作者人格権として公表権(著作権法18条1項)があり、著作者が未公表の著作物を公表するかを決定することができます。著作者に無断で公表すればこの公表権も侵害することになります。

● 手紙の公開に関する裁判例(三島由紀夫手紙事件)

裁判になった事例を紹介しましょう。福島次郎が執筆した小説「三島由紀夫 ― 剣と寒紅」に三島由紀夫が福島氏に宛てた手紙やはがき15通を掲載して書籍を発行したために、三島由紀夫の遺族が書籍の出版差止め、損害賠償などを求めた事件があります。引用は争点になっていませんが、裁判所は、手紙について著作物性を認め、三島由紀夫が生存していたならば公表権の侵害になる行為であると認定し(著作権法60条)、書籍の出版差止め、損害賠償などを認めました。著作物であると認められた、(この事件の被告が執筆した小説に対する感想や意見が述べられている)三島由紀夫の手紙の一つは以下のものです。

Memo

第32条(引用)
1 公表された著作物は、引用して利用することができる。この場合において、その引用は、公正な慣行に合致するものであり、かつ、報道、批評、研究その他の引用の目的上正当な範囲内で行なわれるものでなければならない。

Memo

東京高判平成12・5・23判時1725・165〔三島由紀夫手紙事件控訴審〕

「前略、御作『はらから』やつと拝読しました。実は家の増築などで身辺ゴタ〜し、仕事もゴタ〜、なか〜ゆつくり落着いて拝読できず、どうせなら、気持の余裕のあるときに熟読したはうがと思つてゐたので遅くなりました。テーマのよく消化された短篇で、よく納得できるやうに書かれてゐます。性格描写としての兄弟の書き分けもたしかな筆づかひで、特に冒頭の弟のせせつこましい性格のエピソードの積み重ねなど面白い。

しかしこの作品で不満なのは、それ以上のものがないことです。おしまひに急に姉が出てくるのはいいが、肉親の宿命と愛憎が性的嗜好に端的に出てくるといふのはいいが、かういふ題材は川端さん式にうんと飛躍して、透明化して扱ふか、それとも、逆に、うんと心理的生理的に掘り下げて執拗に追究するか、どちらかです。洋子が隆次タイプと性的にピタリと合ふといふのは説明だけで、『いかに合ふか』といふのが、文学的表現の一等むつかしいところで、それをわからせて、実感させるのが、文学だと思ひます。

それから情景としては飛行場の近くといふところ面白いのですが、肝腎の飛行場が活用されてゐない気がします、これはもつと趣深く使へる筈です。文章については、根本的に短篇の文章といふ問題を考へ直してほしいと思ひます。これが短い簡単な話なのにゴタ〜した印象を与へるのは、文章のためと、自然主義的描写法のためと、もう一つは、月並な言ひ廻しのためです。１３頁上段中頃の月の描写の月並さ、１４頁下段の男神云々の表現、１５頁上段の『欲情の闇』『赤い歓喜の炎』『恋の女神』『青春の花』などの安つぽい表現、１５頁下段の『舞台装置のやうな』という比喩、１６頁上段の（　）の中の月並な感想など、・・・みなこの作品の味をにぶくしてゐます。御再考を促したいと思ひます。もつともつと余計なものを捨てること、まづ切り捨てることから学ぶこと、スッキリさせること、それから、題材に対して飛躍したスカッとした視点を持つこと・・・さういふことが短篇を書く上でもつとも大切だと思ひます。

悪口を並べてしまひましたが、意のあるところを汲みとつて下さい。次の作品をたのしみにしてゐます。匆々」

出典：三島由紀夫手紙事件

Memo

LINEなどの会話をキャプチャしたケースも、手紙やメールと同様の扱いと考えられます。なお、手紙等の無断公表はプライバシー権侵害の可能性もありますので注意しましょう。

メルマガは引用の範囲内であれば問題なし

　では、多数の人間に送っているダイレクトメールやメールマガジンはどうでしょうか。限定的ではありますが、不特定多数の読者に向けて発信（公開）していると考えられるので、手紙やメールと異なり公表された著作物にあたり、引用の条件をみたしていれば著作権者の許可がなくても使用できます。

　メールマガジンは無料のものもあれば、月額課金制など有料のものもあります。昨今、noteなどインターネット上でコンテンツ販売を行えるサービスもあります。有料コンテンツの場合でも引用のルールを守れば文章を引用することは可能です。

Memo

新聞や雑誌、書籍も有料で販売されていますが、条件をみたせば引用可能です。インターネット上のコンテンツも、ルール上は同じ扱いになります。

Memo

メルマガの規約に「無断転載禁止」と書かれていたとしても、引用まで禁止しているとは解釈できないでしょう。

マナーや信頼関係が大切

　今まで法律に則った解説をしていましたが、メールやメールマガジンの引用については、法律論よりも著作権者（著者）との信頼関係が一番大切だろうと考えます。

　個人宛のメールなら、本人に直接確認を取ればよいでしょう。メールマガジンなら、著者や運営に問い合わせてみましょう。たとえ、法律上は問題ない引用の範囲でも、自分のメールマガジンに書かれた内容が、無断でブログやSNSで公開されていると知れば、嫌な気分になる人もいるでしょう。

　私（染谷）個人としては、自分の書いた文章で喜んでもらえて、そのフレーズを使用したいと依頼されたら嬉しいものです。

　ただし、その感じ方は人それぞれです。メールやメルマガの場合は「引用」というルールに縛られるよりも、友人や著者との関係性を大切にし、モラルやマナーを守った形で使用許可をもらったほうが、お互い気持ちよく安心して文章を使えるはずです。

Memo

使用の許可をお願いすることは、許可を取るという名目で本人と直接やりとりができるメリットもあります。

ま
と
め

✅メールや手紙にも著作権がある。また、公表していないので引用も認められない。
✅メールマガジンについては引用が可能。
✅信頼関係を築くためにも、できるだけ著者に確認を取ろう。

CHAPTER 4

プログラムコード・ライセンス

近年のソフトウェア開発では、オープンソースの活用が欠かせません。しかし、オープンソースだからといって好き勝手に扱ってしまうと大きなトラブルを招くことになります。

私が書きました

私が書きました

僕が書きました

大串 肇(おおぐし はじめ)
株式会社 mgn 代表取締役

齋木 弘樹(さいき ひろき)
株式会社 mgn 取締役

古賀 海人(こが かいと)
株式会社キテレツ 代表取締役／
クリエイティブディレクター／
ウェブ・グラフィックデザイナー／
フルスタック開発者

SECTION 01 ウェブサイトに掲載されている コードはコピーしても大丈夫？

実装方法をウェブで調べていたら、「まさにこれだ！」というコード を発見しました。そのコードをそのままコピーして、クライアント ワークに利用することは可能なのでしょうか？

ソースコードに著作権はあるのか

ソースコードは「プログラムの著作物」として著作権法で 保護されます（著作権法10条1項9号）。ソースコードとは、 プログラム言語で記述されたテキストのことをいい、コン ピューターが処理すべき一連の命令を記述したものです。

著作権法ではプログラムの定義として、「電子計算機を 機能させて一の結果を得ることができるようにこれに対す る指令を組み合わせたものとして表現したもの」と規定し ており（著作権法2条1項10号の2）、これはまさにソース コードが該当します。

プログラムは、小説や絵画などの「典型的な著作物」と 違って、「機能的・事実的著作物」といわれることがありま す（P197参照）。表現する上で特に制約のない典型的な著 作物と比べると、機能的・事実的著作物では機能を追求す るという側面があるために、似たような表現になりやすく 個性が発揮しにくい点が異なります。

裁判所では、プログラムについて以下のように判示して います。

> プログラムは、その性質上、表現する記号が制約され、
> 言語体系が厳格であり、また、電子計算機を少しでも
> 経済的、効率的に機能させようとすると、指令の組合
> せの選択が限定されるため、プログラムにおける具体
> 的記述が相互に類似することが少なくない。著作権法
> は、プログラムの具体的表現を保護するものであって、
> 機能やアイデアを保護するものではないところ、プロ
> グラムの具体的記述が、表現上制約があるために誰が
> 作成してもほぼ同一になるもの、ごく短いもの又はあ
> りふれたものである場合においては、作成者の個性が

Memo

知財高判平成28・4・27判時 2321・85〔接触角計算プログラ ム事件控訴審〕

発揮されていないものとして、創作性がないというべきである。他方、指令の表現、指令の組合せ、指令の順序からなるプログラム全体に、他の表現を選択することができる余地があり、作成者の何らかの個性が表現された場合においては、創作性が認められるべきである。

　このように、すべてのソースコードが著作権で保護されるわけではありません。もっとも、ある程度のまとまりがあり、誰が書いても同じようなコードになるものでなければ、著作物であることを前提として無断でコピーして利用することは避けたほうがよいでしょう。

　ボートスナイパー事件では、競艇の勝舟投票券を自動的に購入する等の機能を有するソフトウェア「ボートスナイパー」のプログラム（Microsoft Visual Basic 言語で記述）について著作物性が認められました。

　具体的には、裁判所は、次の指摘をしてソースコードに創作性があり、これらを組み合わせて構成されている原告プログラムにも、表現上の創作性があるとして、著作物性が認められています。

Memo

大阪地判令和 3・1・21（平成 30（ワ）5948）〔ボートスナイパー事件〕

- イ（自動運転中の画面レイアウト生成のソースコード）については、一定の画面表示を得るために複数の記述方法が考えられるところ、一定の意図のもとに特定の指令を組み合わせ、独自のメソッドを作成して独自の構成で記述していること
- ウ（自動運転の設定を保存するための構造体のソースコード）及びエ（自動運転を制御するための構造体のソースコード）については、一定の結果を得るためにどのように指令を組み合せ、どの範囲で構造体を設定し、配列・構造化するかには様々な選択肢が考えられるところ、その具体的な記述は、一定の意図のもとに特定の指令を組み合わせ、多数の構造体を設定し、配列・構造化した独自のものになっていること
- オ（DEMEDAS 情報を取得する処理のソースコード）については、HTML データから一定の情報を抽出する指令の記述は選択の幅があるところ、メンテナンス性を考慮して独自の記述をしていること

- ・カ(舟券購入サイトへの投票処理のソースコード)に
  ついても、人間が情報を入力してログインや舟券購
  入の操作をすることを想定して作成されている投票
  サイトのサーバーに、人間の操作を介さずに必要な
  データを送信してログインや舟券の購入を完了する
  ための指令の表現方法は複数考えられるところ、複
  数の方式を適宜使い分けて記述し、一連の舟券購入
  動作を構成していること

プログラムの保護範囲

　プログラムに著作権があるときには、どのような範囲で
保護されるのか。前述した裁判所の判示に沿って、もう少
し具体的に解説をしてみます。

●ありふれた表現は保護されない

　プログラムとして機能するソースコードはいわばロジッ
クの記載ということになります。極めて短く、ありふれた
ソースコードの転用を著作権侵害とした場合、例えば 01
のような単純に文字列を表示するようなコードはどうなる
でしょう。

　もしこの程度でも著作権侵害になってしまうと、もはや
何も書くことができなくなってしまいます。このように、
誰が書いても同じようなコードになるようなものは、あり
ふれた表現として創作性が否定され、著作権では保護され
ません。

01 PHPソースコード例

```php
<php
  echo "Hello world";
  ?>
```

●プログラム実行画面が似ていてもプログラム著作権の侵害にはならない

　プログラムの著作権は、プログラムの記述を保護するも
ので、プログラムの実行画面が似ていても、プログラムの
記述が異なっていればそのプログラムの著作権の侵害には
なりません(ディスクパブリッシャー制御ソフト事件)。

Memo

知財高判平成26・3・12判時
2229・85〔ディスクパブリッ
シャー制御ソフト事件控訴審〕

なお、ソフトウェアの表示画面（ユーザーインターフェース）については著作物性が認められることもあります。しかし、そのソフトウェアの機能を実現するために表現は制約されるため、デッドコピーに近いコピーに限って侵害になるというのが裁判所の判断です（サイボウズ事件）。

もちろん、だからといって（意図的に）似せても構わないとはなりません。

● 同じ機能を有するとしてもプログラム著作権の侵害にはならない

同じ機能を有するプログラムでも、プログラムの表現には様々な記述がありえます。そのため、同じ機能を有するとしても具体的なソースコードの記述が異なっていれば、やはりプログラム著作権の侵害にはなりません（デー太郎ランプ事件）。

● 構造、記載順序、具体的記述の高い類似性

では、簡単なコードではなく、もっと複雑で長いコードを転用する場合はどうでしょう？

個別の判断になるので、はっきりとした境界線を引くことはできません。しかし、裁判所は、原告プログラムで侵害と主張する部分のソースコードが2,055行、被告プログラムの対応するソースコードが1,320行、プログラムの構造や記載順序が同一で、ソースコードが被告プログラムの約86%一致または酷似しているという事案で、著作権侵害を認めています（接触角計算プログラム事件）。

Memo
東京地判平成14・9・5判時1811・127〔サイボウズ事件〕

Memo
知財高判平成26・8・6（平成26（ネ）10028）〔デー太郎ランプ事件控訴審〕

Memo
知財高判平成28・4・27判時2321・85〔接触角計算プログラム事件控訴審〕

まずはソースコードにライセンス条件の表記があるかを確認

もしソースコードの一部をコピーして利用する場合、最初に確認すべきポイントは「ライセンス条件の表記があるか」です。オープンソースのプログラムなどで、GPLやクリエイティブ・コモンズ・ライセンスなどの明記がある場合には、これらのライセンス条件をよく確認し、その範囲内で利用することが求められます。

具体的な例を紹介しましょう。 02 はJavaScriptのライブラリである「jQuery」のソースコード（一部抜粋）です。冒頭のコメントに著作者名（Copyright JS Foundation and other contributors）とライセンス（Released under the MIT license）が表記されています。MITライセンスの場合、誰でも無償かつ無制限に利用可能なので、コピー＆ペーストして改変しても問題ありません。逆に、MITライセンスではなく、採用されたライセンスに改変禁止が表記されていれば、コピー＆ペーストしての改変利用はできなくなります 03 。

ソースコードがウェブサイトに公開されているからといって、自由に利用できることを著作権者がライセンス（許可）しているとはいえません。ライセンス条件の不明なソースコードの利用は控えましょう。

02 jQuery v3.6.0 ソースコードに記載されたライセンス

```
/*!
 * jQuery JavaScript Library v3.6.0
 * https://jquery.com/
 *
 * Includes Sizzle.js
 * https://sizzlejs.com/
 *
 * Copyright JS Foundation and other contributors
 * Released under the MIT license
 * https://jquery.org/license ——————————— 03
 *
```

03 jQueryのサイトに記載されたMITライセンスの全文

https://jquery.org/license

●ライセンス条件の表記がない場合は作者に確認

ブログなどで公開されている、ライセンス条件の表記がないソースコードを利用したい場合は、そのソースコードを書いたプログラマーに利用条件の確認をしましょう。クライアントワークの場合には、クライアントにも利用するソースコードの元情報について共有しておくべきです。

作者に連絡を取るのは手間と感じるかもしれません。ですが、連絡を取ることで、その作者から新たな情報や新しいつながりを得られる可能性もあります。万が一のリスク

を減らすためにも、プログラマーとしてのネットワークを
広げるためにも、その手間を惜しむべきではありません。

著作権は侵害しなくてもプログラマーとしての信用を損なうことも

　プログラムの著作権の侵害はなかなか認められないと感
じたかもしれません。しかし「著作権侵害にならないから
無制限に転用しても構わない」とは決してなりません。

　もしソースコードをそのまま無断転用して、それが元の
ソースコードを書いた本人に知られ、ブログやSNSでそ
の件を言及された場合、転用した人はプログラマーとして
の信用を失うことになるでしょう。それがクライアント
ワークだった場合、本人ではなくクライアントにクレーム
が届くかもれません。こうなると、さらに大きな問題とな
ります。

　このようなリスクを考えると、利用条件が明らかではな
いソースコードの転用は避けるべきです。

まずはプログラマーとしての自覚を

　ソースコードの転用がすべて悪いとはいえません。オー
プンソースであれば、多くの人がソースコードを転用し、
さらに向上するために議論し、ソースコードのさらなるブ
ラッシュアップを行っています。この資産を利用すること
は、よいプログラムを書くために重要です。使ってもよい
ものなら、むしろ積極的に使っていくべきです。

　ただ、そのソースコードが、「なぜこのように書かれて
いるか」、「なぜ動作するのか」、などの基本的な理解が足
りていない状態で転用してしまうのは問題があります。ま
た、ライセンス条件を守って利用することもプログラマー
として気を付けるべき基本的な事項になります。ぜひ「自
分はプログラマーである」と自覚をもって行動しましょう。

まとめ
- ◆公開されているソースコードでも、ライセンス条件の不明なソースコードの利用は
控えよう。
- ◆ライセンス条件の明記のないソースコードは、そのコードを書いたプログラマーに
利用の可否について確認しよう。
- ◆なによりもプログラマーとしての自覚とプライドを持って行動しよう。

オープンソースは無料で自由に使えるの？

GitHub のような場所で、「オープンソース」として公開されているものは、全部無料で使えますか？　オープンソースとなっていれば、自由に使っても大丈夫ですよね？

オープンソース＝無料＆自由「とは限らない」

　「オープンソース・ソフトウェア」または「フリーソフトウェア」は、それがどのような利用でも無料を意味するものにはなりません。なお、フリーソフトウェアの「フリー」は、「無料」ではなく「自由」という意味です。

　例えば、オープンソース・ソフトウェアであるWordPress は、GPL というライセンスで提供されています。WordPress の派生物であるプラグインとテーマも「GPLで配布しなければならない」とライセンスで決められています 01。ただし、配布方法は限定されていないため、有料でダウンロードする形式で配布しても問題ありません。実際、WordPress には多くの有料プラグインやテーマが販売されており、ビジネスとしても成り立っています。

　もちろん、無料で利用できるオープンソース・ソフトウェアやフリーソフトウェアもたくさんあります。ただ、それらについても「無料」であるのは、あくまでも「ライセンスフィー」についてのみです。

> **Memo**
> 「フリーソフトウェア」とは別に「フリーウェア」という言葉もあります。日本で使われるフリーウェアの「フリー」は無料という意味であり、まさに「無料のソフトウェア」を意味します。

> **Memo**
> プラグインとは WordPress の機能を拡張するソフトウェアです。テーマとは WordPress で作られたサイトの見た目をコントロールするためのテンプレートです。

01 WordPress「権利章典」

WordPress 日本語版のページには「WordPress の権利章典」が記載されています。
https://ja.wordpress.org/about/

 **COLUMN** オープンソースの定義

　オープンソース・ソフトウェアを推進する団体であるOpen Source Initiativeは、「オープンソース」の定義（Version 1.9、2007年3月22日最終改訂）として、次の10の条件をみたすソフトウェアとしています。

①再頒布が自由であること
②ソース・コードが提供されること
③派生物（二次的著作物）の作成と提供が元のライセンスと同じ条件で認められること
④開発者のソース・コードの完全性保持
⑤特定の個人・団体に対する差別的ライセンスの禁止
⑥使用分野に対する差別ライセンスの禁止
⑦再頒布された際にライセンスが維持されること
⑧ライセンスは特定製品にのみ有効であってはならない
⑨ライセンスは他ソフトを制限してはならない
⑩ライセンスは特定の技術に強く依存することなく、技術中立でなければならない。

出典：Open Source Initiative（https://opensource.org/osd）
なお、訳は志賀典之「OSSと著作権ライセンス—歴史的展開とライセンス類型の概観」情報の科学と技術64巻2号（2014）60頁に従っています。

　また、「フリーソフトウェア」という場合には、フリーソフトウェア財団（Free Software Foundation）の定義、すなわち、①目的を問わずプログラムを実行する自由（第0の自由）、②改変の自由（第1の自由）、③再頒布の自由（第2の自由）、④改良した成果を公表する自由（第3の自由）が参照されることが多いようです。
GNU Operating System　https://www.gnu.org/home.ja.html

●どれくらい自由かはライセンス内容次第

　GitHubなどで公開されているソースコードは、「公開されている」時点で自由に使えると思いがちですが、そうとは限りません。

　GitHubで公開されているソースコードには、ライセンスの記載が一切ないものも少なくありません。このような「自由に使える条件」がわからないものは、利用を避けたほうがよいでしょう。

たとえライセンスの記載があっても、自由に利用できる
かどうかについてはライセンス内容次第になります。GPL
の場合、帰属の表示と無保証であるという前提で、いか
なる制限も設けていません。さらに、以降でも触れます
が、GPL はコピーレフト・ライセンスの一つであり、そ
の派生物も GPL でなければなりません。コピーレフト・
ライセンスとは、派生物も元の制作物と同様の自由を提供
しなければならない制約を付けているライセンスです。そ
のため、GPL のソフトウェアであれば、その派生物も含め、
元の制作物と同様のGPL 条件で利用できることになりま
す。

　一方、コピーレフト・ライセンスではないソフトウェア
の派生物は、同様なオープンソース・ライセンスとは限ら
ないため、利用時は利用条件を都度確認する必要がありま
す。

オープンソース・ライセンスの3つの類型

　オープンソース・ライセンスは、コピーレフトの概念を
強く適用する順に、①コピーレフト型ライセンス、②準コ
ピーレフト型ライセンス、③非コピーレフト型ライセンス
という3つの類型に整理することができます。表にまとめ
ると 02 のとおりです。

02 オープンソース・ライセンスの類型

ライセンスの類型	(a) 改変部分のソースコードの開示	(b) 他のソフトウェアのソースコードの開示	代表例
①コピーレフト型ライセンス	必要	必要	GPL (GNU General Public License)
②準コピーレフト型ライセンス	必要	不要	MPL (Mozila Public License)
③非コピーレフト型ライセンス	不要	不要	BSD (Berkley Software Distribution)、MIT、Apache

出典：独立行政法人情報処理推進機構「OSSライセンスの比較および利用動向ならびに係争に関する調査」（2010年5月）2頁参照

オープンソース・ソフトウェアとフリーソフトウェアの違い

オープンソースはあくまでソースコードの公開に着目している言葉です。ほとんどのオープンソース・ライセンスは、ソフトウェアの入手後、使用、改変、再配布などの自由を保証していますが、制限を設けているライセンスもあります。この部分がオープンソース・ソフトウェアとフリーソフトウェアの違いといわれている部分です。

ちなみに、GPLのソフトウェアは自由を保証しているため、フリーソフトウェアといえるでしょう。そして、フリーソフトウェアはオープンソース・ソフトウェアの一部ともいえるかもしれません。

ほとんどの
オープンソースソフトウェアには
ライセンスが明記されています。
内容を必ずチェックして
適切に利用するように
しましょう。

まとめ
- ✅オープンソースは必ずしも無料、自由ではない。
- ✅ライセンスの条件がわからないソースコードは、利用を避けるべき。
- ✅ソースコードをどれくらい自由に利用できるかどうかはライセンス内容次第。

SECTION 03 オープンソースを使って作ったものは販売しても大丈夫?

Q オープンソース・ソフトウェアを使ってアプリを作ったんだけど、これって販売してもいいの?　あと、公開されていたソースを使っているのなら、アプリのソースコードも公開しなきゃだめ?

販売することはライセンスに違反しない

　オープンソース・ライセンスは、基本的に無料で配布しなければならない決まりはありません。また、派生物にもそのような制限を課しているものはありません。したがって、オープンソース・ソフトウェアを販売目的のプロダクトに含んでも何らライセンス違反の問題はありません。しかし、そこで注意しなければならないのは、利用しているオープンソース・ソフトウェアがコピーレフト・ライセンスかどうかです。

●コピーレフト・ライセンスの場合は注意が必要

　コピーレフト・ライセンスではない、MITライセンス、BSDライセンス、Apacheライセンスなどの場合は、派生物のライセンスは自由に決めることができます。そのため、これらを利用したプロダクトについてはさほど心配する必要はないでしょう。

　一方、コピーレフト・ライセンスであるGPLのソフトウェアを利用している場合、GPLのソフトウェアに基づき改変したプログラムには、同様にGPLを適用しなければなりません。有料で販売してもかまいませんが、購入者にはソースコードを公開しなければなりません。

　例えば、販売の際に渡すプロダクトがバイナリーコードまたは難読化されたコードの場合、その元となるソースコードも購入者が入手できるようにしなければなりません。また、GPLであるため、購入者による複製、改変、再配布を制限することはできません。ただし、これは購入していない人にまでソースコードを公開しなければならないという意味ではありません。

CHAPTER 4　プログラムコード・ライセンス

COLUMN 納品したWordPressテーマなどのソースコードは公開しないといけないの？

　WordPressはGPLです。では、すべてのテーマとプラグインはGPLでなければならないのかというと、配布をしないのならGPLを適用する必要はありません。では、受託開発のケースでクライアントのためにテーマやプラグインを作成することは配布（distribute）にあたるでしょうか？

　この点については、フリーソフトウェア財団の公開している解釈では、GPLの受託でのWordPressテーマやプラグイン開発の納品は配布にあたらないという見解です。配布でなければGPLにする必要はないので、もちろんソースコードを公開する義務もありません。なお、発注先であるクライアントにソースコードを渡すかどうかについては個別の受託契約に委ねられます。もっとも、WordPressテーマやプラグインの納品物はソースコードであることがほとんどですが。

WordPressのライセンスは「GPL v2またはそれ以降」で提供されています。「GNU GPL v2.0に関してよく聞かれる質問」
https://www.gnu.org/licenses/old-licenses/gpl-2.0-faq.ja.html
独立行政法人情報処理推進機構オープンソフトウェア・センター『GPLv3 逐条解説〔第1版〕』
（2009年4月）44頁参照。

 COLUMN GPLを利用したプロダクトはビジネスとして成立するのか

　これまで触れてきたように、LinuxやWordPressはGPLです。受託での開発はビジネスになりますが、GPLのソフトウェアを利用したプロダクトの販売は果たしてビジネスになるのか、という疑問を持つ方もいるかもしれません。

　ソフトウェアの販売は有料での配布にあたるので、そのプロダクトもGPLを適用しなければなりません。購入者の複製や再配布を制限してはいけないため、数による束縛や、より安い価格での販売を禁止することもできません。これではビジネスとして成立しにくいのは確かです。

　しかし、GPLのソフトウェアでビジネスを行うことは、決して不可能ではありません。事実、GPL違反をせず、LinuxディストリビューションやWordPressテーマ・プラグイン販売がビジネスとして成り立っている例はたくさんあります。これらは、ソフトウェアの更新サービスや技術サポートに対して課金する手法がよく用いられます。代表的な事例としては、Linuxディストリビューションの販売と同時に技術的サポートを提供するRed Hatや、期間またはサイト数による制限で更新サービスを提供するWordPressプラグインなどがあります。

まとめ
- ◆オープンソース・ソフトウェアを利用したプロダクトは販売しても問題ない。
- ◆受託開発は配布にあたらないので、オープンソース・ライセンスを適用する必要はない。
- ◆手法次第でオープンソース・ソフトウェアを利用したビジネスは成り立つ。

SECTION 04 ソースコードには、どの場合に、どのライセンスを選択すべき？

プログラムには、GPLやMITのようなライセンスがつきものですが、自分が作ったウェブサイトやプログラムも、公開するのならライセンスを適用すべきでしょうか？　その場合、どのライセンスを選択するといいですか？

CHAPTER 4　プログラムコード・ライセンス

ウェブサイトの公開とソースコードのライセンスは別物

　ウェブサイトのみを公開した場合はソースコードについて何らかのライセンス（許可）をしたことにはなりません。ウェブサイトの公開は、あくまでも「コンテンツの公開」であってソースコードのライセンスとは別物です。閲覧したソースコードをコピーして利用するのは、ソースコードに関する著作権を侵害するおそれがあるため注意が必要です。

　例えば、ブラウザにはソースコードを閲覧できる機能があります。ただし、これはあくまでもブラウザの機能によって閲覧できるだけで、ソースコードのライセンスではありません。二次利用のライセンスが明記されていなければ、利用は避けるべきでしょう。

ライセンスを付与する場合は100％自作かどうかで変わる

　一方、ソースコードを公開する場合は以下の点に注意しましょう。

1. 他人のソースコードを利用しているか
2. 公開するソースコードを動かすのに特定のソフトウェアを必要とするか

　上記のどちらにも該当しない場合、つまり100％自作で、他のソフトウェアに依存しないソースコードであれば、自由にライセンスを決めることができます。もちろん、ライセンスを付与しないという選択肢もあります。

　一方、どちらか、または両方に該当する場合は、利用しているソースコードや必要とするソフトウェアのライセンスを確認する必要があります。

> **Memo**
>
> ソースコードにおける「公開」とは、広く一般に誰でも利用できる状態を指します。具体的にはブログに書いたり、GitHub などのソースコード管理サービスにアップロードしたりすることになります。
> https://ja.wordpress.org/about/license/100-percent-gpl/

もし、それらのライセンスが「改変、再配布する場合は、同様のライセンスを付与する」としていた場合は、それに従わなければなりません。例えば、WordPress のテーマを公開する場合、そのテーマを動かすには WordPress 本体が必要となるので、最低限 PHP のコードは WordPress と同じ「GPLv2 またはそれ以降」のライセンスを付与しなければなりません。

オープンソース・ライセンスの種類

　公開されている自由に利用できるプログラムの多くは、オープンソース・ライセンスを適用しています。オープンソース・ライセンスは大きく分けて①パーミッシブ（寛容）系と②コピーレフト系があります。以下で簡単に解説するので、自分のソースコードを公開する際の参考にしてください。

●①パーミッシブ・ライセンス

　パーミッシブ・ライセンス（permissive license）は非常に寛容的なライセンスです。著作権表示とライセンスの標記を残せば、ほぼ自由にソースコードを利用、改変、再配布できる上、これを利用したソースコードを公開するかどうかも決められ、公開する際も、自由にライセンスを決めることができます。

　ソースコードの公開をしたくない場合はパーミッシブ・ライセンスを選択するとよいでしょう。

●②コピーレフト・ライセンス

　コピーレフト・ライセンス（copyleft license）は、パーミッシブ・ライセンスと同様、自由にソースコードを利用、改変、再配布できます。ただし、再配布の際は元のライセンス条件を継承しなければなりません。つまり、コピーレフト・ライセンスが付与されたソースコードを利用した場合は、それによって作成されたソースコードも「利用・改変・再配布」などの条件を継承するため、公開が必須となります。なお、最も代表的なコピーレフト・ライセンスは GPL であり、その代表的なソフトウェアが前述したWordPress です。

> **Memo**
> 有名なパーミッシブ・ライセンスの例として、MIT ライセンス、BSD ライセンス、Apache ライセンスなどがあります。

● 異なるライセンスのソースコードを利用する場合

　2つ以上のライセンスを組み合わせる場合、条件が厳しい方を選択します。例えばパーミッシブ・ライセンスとコピーレフト・ライセンスの双方を利用する場合、条件の継承が義務付けられる後者を選択することになります。

　GPL系に異なるライセンスを組み合わせた場合のライセンスについて 01 にまとめたので、参考にしてください。

　なお、異なるライセンスのソフトウェア（またはライブラリ）が互いに依存しない（それがなくても動作する）場合はスプリットライセンスとなります。

　例えば、WordPressのテーマのPHP部分はGPLでなければいけませんが、CSS、JavaScript、画像などはGPLでなくてもよいので、独自のライセンスを付けることができます。

01 GPL系ライセンスに異なるライセンスを組み合わせた場合の派生物のライセンス

ライセンス	組み合わせるライセンス	派生物のライセンス
GPLv2	GPLv2 またはそれ以降	GPLv2
	GPLv3	結合できない
	GPLv3 またはそれ以降	結合できない
	MIT	GPLv2
	修正 BSD	GPLv2
	Apache2.0	結合できない
	MPL2.0	GPLv2
	CC0	GPLv2
	CC-BY4.0	GPLv2
	CC-BY SA4.0	結合できない
GPLv2 またはそれ以降	GPLv2	GPLv2
	GPLv3	GPLv3
	GPLv3 またはそれ以降	GPLv3 またはそれ以降
	MIT	GPLv2 またはそれ以降
	修正 BSD	GPLv2 またはそれ以降
	Apache2.0	GPLv3
	MPL2.0	GPLv2 またはそれ以降
	CC0	GPLv2 またはそれ以降
	CC-BY4.0	GPLv2 またはそれ以降
	CC-BY SA4.0	GPLv3

ライセンス	組み合わせるライセンス	派生物のライセンス
GPLv3	GPLv2	結合できない
	GPLv2 またはそれ以降	GPLv3
	GPLv3 またはそれ以降	GPLv3
	MIT	GPLv3
	修正 BSD	GPLv3
	Apache2.0	GPLv3
	MPL2.0	GPLv3
	CC0	GPLv3
	CC-BY4.0	GPLv3
	CC-BY SA4.0	GPLv3
GPLv3 またはそれ以降	GPLv2	GPLv3
	GPLv2 またはそれ以降	GPLv3 またはそれ以降
	GPLv3	GPLv3
	MIT	GPLv3 またはそれ以降
	修正 BSD	GPLv3 またはそれ以降
	Apache2.0	GPLv3
	MPL2.0	GPLv3 またはそれ以降
	CC0	GPLv3 またはそれ以降
	CC-BY4.0	GPLv3 またはそれ以降
	CC-BY SA4.0	GPLv3

コピーレフト・ライセンスは
「ソフトウェアを共有して発展させる」
という意図のもとに生まれました。
コピーレフト・ライセンスを利用して作成した
ソースコードは自由に利用・改変・再配布
できる状況にしなければなりません。
100% 自作のソースコードの場合、
「より多くの人に利用してもらいたい」
と願うのなら、コピーレフト・ライセンスを
選択するとよいでしょう。

Memo

ライセンスの種類と特徴については、以下のウェブサイトで詳しく解説されているので参考にしてください。
・coliss「たくさんあるオープンソースライセンスのそれぞれの特徴のまとめ」
 https://coliss.com/articles/build-websites/operation/work/choose-a-license-by-github.html
・Qiita「たくさんあるオープンソースライセンスのそれぞれの特徴のまとめ」
 https://qiita.com/tukiyo3/items/58b8b3f51e9dc8e96886

まとめ

✅ウェブサイトの公開はソースコードの公開にはあたらない。

✅ソースコードにライセンスを付与する場合は100% 自作かどうかで変わる。

✅公開されたソースコードを利用する場合は、ライセンスの内容を確認して、適切なライセンスを付与しよう。

SECTION 05 「オープンソースだから安くして」と言われたらどうする?

Q 制作業務のクライアントから、「WordPressはオープンソースだから、もっと安くなるでしょ?」といわれました。このようなお願いを断るには、どのようにすればいいでしょうか?

CHAPTER 4 プログラムコード・ライセンス

すべてのオープンソースが無料ではない

制作者の立場から考えるオープンソースのソフトウェアを利用する最大のメリットは「情報が入手しやすい」点です。一方、「ライセンスフィー」が無料である点をメリットと考えるクライアントも存在します。

しかし、P108でも解説しましたが、すべてのオープンソースのライセンスフィーが無料とは限りません。もちろん、ライセンスフィーがかからないオープンソースも数多くあるので、それらを利用すれば安くはなるでしょう。ただし、他と比較して安くなるのは、あくまでもライセンスフィーの費用だけです。

オープンソースでも作業は発生する

ライセンスフィーが無料のオープンソースでも、クライアントの要望に沿うようにデザインからソースコードまでをカスタマイズしていく以上、そこに作業コストは発生します。また、オープンソースのソフトウェア本体は無料でも、機能を追加するプラグインやライブラリは有料であるケースも数多く存在します。

これは、現場の制作者であれば誰でもわかる当然のことです。しかし、クライアントの担当者に、その情報が正しく伝わっているとは限りません。現場では当然でも、それ以外の人達はまったく知らない。そんなケースはたくさんあります。

「これくらい知っているだろう」という思い込みは、多くのトラブルを招きます。クライアントには、最低限でも次のような事情を伝え、事前に了承を得ておくべきです。

Memo

今回のケースで登場したWordPressも、本体のライセンスフィーは無料ですが、機能を追加するプラグインやテーマなどは有料のものも多数存在します。WordPressに限らず、オープンソースはソースコードが公開されていることで多くの人の目に触れ、多くの有志の人の手が入ることでセキュリティが担保されています。クライアントには伝わりづらい点なので、そこを説明する必要もあるでしょう。

①ソフトウェアのライセンスについて
・使用するソフトやソースコードのライセンスについて、見積書や契約書に明記する。
・必要な場合は別途その旨を明記し、クライアント名でライセンスを取得する。
②見積もりの項目に「ライセンスフィー」と「作業項目」を別に設けて、ライセンスフィーを「無料」と明記する、など対策を講じる。
③その他のライセンスについて
・ソフトウェアだけでなく、場合によっては使用するフォントなど、必要なライセンスは事前に明示した上でクライアントに使用の確認をする。
④オープンソースは基本的に無保証である。

Memo

ライセンスフィーの話を伝えたにもかかわらず、「オープンソースなのだから安くして」と主張するクライアントとは、今後の付き合いを考えたほうがよいかもしれません。

オープンソースを利用するにも知識が必要

　制作者はプロフェッショナルである以上、ライセンスの知識がないままソフトウェアを使うことはあってはいけません。

　クライアントも、「制作者は使用するソフトのライセンスについて熟知している」と思って依頼してくるはずです。クライアントが「ライセンスを知らない」ために要求してくることをただ受け入れるのではなく、間違っている場合は間違っていると指摘し、しっかりと説明をするべきです。でなければライセンス違反をしてしまう可能性が高まり、大きな損害を負うことにもなりかねません（P120参照）。自分自身はもちろん、クライアントの身を守るためにも、最低限自分の利用するソフトウェアのライセンスには必ず目を通しましょう。

Memo

ソフトウェアのライセンスは、ほとんどの場合ウェブページやPDFなどの形式でウェブ上に公開されています。面倒でもライセンスは必ず確認しましょう。

まとめ
- ●オープンソースで安くなるのは「ライセンスフィー」だけ。
- ●クライアントにはオープンソースのライセンスについて見積書や契約書に明記するなど、事前にしっかりと伝える。
- ●ライセンス違反は、自らはもちろん、クライアントにも大きな損害を負わせることになるので、しっかりとした知識を身に付ける。

ライセンス条件に違反して制作を行った場合の責任は?

クリエイターがクライアントワークでライセンスに違反するソフトウェアを利用して制作を行っていた場合、クリエイター、クライアント、それぞれどのように責任が生じるのでしょうか?

ライセンス条件とは?

ソフトウェアのライセンスには、通常その使用範囲、使用期限といったライセンス条件が記載されています。

例えば、デザイン業務によく利用される Adobe 製品の体験版は、登録してからの無料期限は 30 日間の制限があります。このように、特に有料のソフトウェアでは多くの場合で試用期間が明確に決められています。これもライセンスで決められた使用範囲の一つといえます。そして、このような使用範囲を逸脱することは、明確なライセンス違反となります。もしそのようなソフトウェアを使っていることが判明したら、早急にアンインストールしたり、正規のライセンスを取得したりする必要があります。

Memo
アンインストールしたとしても、ライセンス違反をしていた責任は免れません。

ライセンス違反をした場合に「クリエイターが負う責任」

もしライセンス違反をしていた場合、クリエイターにはどのような責任が発生するのか。具体的な例について以下で紹介します。

●著作権者に対する責任

ライセンスについて詳しい知識を持たずにソフトウェアを利用していた場合、意図せずにライセンス違反をしてしまうことも起こりうるでしょう。しかし、ライセンスは「知らなかったでは済ませられない」ものです。

クライアントワークとして受託していて、クリエイターがライセンス違反をしているソフトウェアを使っていた場合、まず、ソフトウェアの著作権者から契約違反による責任を問われることになります。

また、ライセンス違反が(違法コピーなどの)著作権侵害

を伴っていた場合、著作権者からの差止めや損害賠償に加えて、著作権法上の罰則（10年以下の懲役または1,000万円以下の罰金、またはその両方）が課せられる可能性もあります（著作権法119条1項）。

ソフトウェアの不正利用については、BSA（ザ・ソフトウェア・アライアンス）01 、一般社団法人コンピュータソフトウェア著作権協会（ACCS）02 などの団体が不正コピーの情報受付窓口を設けています。これら窓口などへの内部告発により発覚することもあるので、決して「会社内部のことだから外にはわからないだろう」、といった安易な考えはしないように注意してください。

普段からライセンス違反について意識する機会は少ないかもしれませんが、ライセンスを知ること、そして守ることは、自身を守ることにもつながるのです。

Memo
BSAでは、企業や団体によるソフトウェアの著作権侵害解決につながる有力情報を提供した人に対して、最高100万円の報奨金を提供するとしています。

06. ライセンス条件に違反して制作を行った場合の責任は？

01 BSA
通報窓口

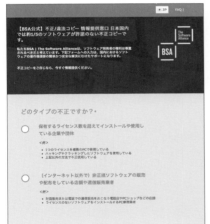

https://reporting.bsa.org/r/report/add.
aspx?src=jp&ln=ja-JP

02 一般社団法人コンピュータソフトウェア
著作権協会（ACCS）通報窓口

http://www2.accsjp.or.jp/piracy/

● **クライアントに対する責任**

クリエイターとクライアントとの間で結ばれる契約では、「納品物は第三者の権利を侵害しない。」という表明保証条項や、万が一権利侵害などを理由に訴訟を提起されたり請求を受けたりした場合には、「クリエイターがクライアントに費用を補償する」という免責条項が設けられることがよくあります。

このような条項がライセンス契約書の中に含まれている場合に、万が一ライセンス違反や著作権侵害のソフトウェアをクライアントに提供すると、クリエイターが、その責任を免れることは難しいでしょう。実は契約書をよく読むと、ライセンス違反の責任は最終的にはすべてクリエイター自身が負うことになるケースが多いのです。

また、特に最近は「SNS発の炎上案件」が多く見られます。もし他者からの指摘でライセンス違反が発覚したとなると、クリエイター自身はもちろん、クライアントの社会的信用も失ってしまいます。そのようなリスクを負ったまま運用するのは誰のためにもなりません。

ライセンス違反をした場合の「クライアントが負う責任」

ソフトウェアやウェブサイト、そして印刷物など、公開された「プロダクト」にライセンス違反をしているソフトウェアなどが使用されていた場合、プロダクトのリリース元であるクライアントの責任にもなります。万が一、ライセンス違反が発覚すれば、著作権者やメーカーからプロダクト販売の差止請求を受ける可能性があります。その際、もしクリエイターがライセンス違反をしたソフトウェアを使用していた場合、クリエイター自身にも責任は生じます。

たとえライセンス違反をしたソフトウェアがクライアントからの指示であったり、支給されたものであったりしても、（争う余地はありますが）プロフェッショナルであるクリエイター自身に確認を怠った不注意（過失）があったとして、責任が発生するおそれも否定できません。

このようなリスクを回避するためにも、クライアント・クリエイターの立場いずれであったとしても、正しくライセンス条件を守ることが大切です。

Memo

裁判になったものとしては、司法試験予備校で違法コピーによるソフトウェア利用があったとの訴えに対し、約8,500万円の損害賠償が認められた事例があります（東京地判平成13・5・16判時1749・19〔東京リーガルマインド事件〕）。

Memo

クライアントから素材など一切指示も支給もしておらず、クリエイターが独立性を持って制作した場合には、クライアントは、不法行為（民法709条）にいう過失が否定される余地がないわけではありません。

他方、差止請求（著作権法112条1項）については、侵害者に過失があったかを問いません。そのため、著作権侵害があるだけで、プロダクトの販売停止、公開停止まで追い込まれてしまいます。

まとめ
☑️ オープンソース・ライセンスであれ、有料のパッケージソフトウェアのライセンスであれ、ライセンス条件を守って利用することは最低限の必要事項。
☑️ クリエイターの立場として、違法コピーの使用はクライアントに迷惑がかかるだけではなく、自分の身も滅ぼす可能性があると知っておこう。
☑️ ライセンス違反をしたソフトウェアがクライアントからの指示であったり、支給されたものであったりしても、クリエイターに確認を怠った不注意（過失）があったとして、責任が発生するおそれも否定できない。

CHAPTER 4　プログラムコード・ライセンス

CHAPTER 5

契約・権利の所在

著作権で特に問題となるのは「権利の所在」です。そして
それは契約によって決まります。この章では過去の裁判
例をもとに、「権利の所在」と契約で注意すべきポイント
について解説します。

角田 綾佳（すみだ あやか）
株式会社キテレツ デザイナー／イラストレーター

木村 剛大（きむら こうだい）
小林・弓削田法律事務所パートナー／弁護士

北村 崇（きたむら たかし）
株式会社FOLIO ／フリーランスデザイナー／
Adobe Community Evangelist

古賀 海人（こが かいと）
株式会社キテレツ 代表取締役／
クリエイティブディレクター／
ウェブ・グラフィックデザイナー／
フルスタック開発者

納品した成果物の著作権はクライアントのもの？

雑誌用に撮影して納品した写真が、無断でウェブサイトにも使われていました。抗議したところ、「報酬を支払ったのだから著作権もこちらのもの」と言われました。本当にそうなのでしょうか？

どちらが著作権を持つかは契約で決まる

　「お金を払ったから成果物の著作権もクライアントのもの」とは限りません。基本的に、著作権の持ち主は著作物を創作したクリエイターです。ただし、著作権は譲渡することもできます。成果物の権利は、クリエイターとクライアントのどちらが持つのかを、契約書で明確に示しておくべきです。もし著作権も譲渡するのであれば、クリエイターはより高い金額を設定するべきでしょう。

●もし契約書がなかったら

　ここで注意すべきなのは、「契約書がない」＝「契約がない」とはならない点です。「契約書」がなくても「契約」は成立します。「契約」とは当事者の合意、約束のことです。そして「契約書」とは当事者が約束した内容が書いてある証拠の一つです。約束は口頭でしても、メールでしても有効です。あとはきちんと証明できるかの問題となります。もしメールや口頭でのやりとりでも著作権の話はしていなかったとすれば、著作権法のルールが適用されます。

事前の取り決めがなかった場合

　著作権法では、成果物をつくった人が著作権を持ちます（著作権法17条1項）。何も著作権についての契約を結んでいないのなら、原則として著作権はクリエイターにあります。ただ、お金を払って成果物の制作をしてもらっている以上、クライアントに対して何らかの利用の許諾はしていることになります。そこで問題となるのが、クライアントが著作物をどのような範囲で利用できるのかです。

　契約書などで事前に取り決めていなかったため、クリエ

Memo

制作者が企業に所属している場合、著作権は制作者ではなく企業に帰属するケースもあります（P146参照）。

イターと制作を依頼したクライアントのどちらに成果物の著作権があるのか、どの範囲で利用できるのかが争点となった裁判が実際にたくさんあります。以下で紹介しましょう。

● 成果物の著作権に関する裁判例①（ロエン誌用写真事件）

衣料品の販売などを行う会社が写真家に対してモデルを用いたファッションの写真撮影を依頼した事例です（ロエン誌用写真事件）。写真家（原告）は撮影を実施し、写真の電子データを提供しました。納品を受けた会社（被告）は、写真をトリミング加工してウェブサイトに掲載しましたが、写真家の名前は掲載していません。これに対して、写真家が同一性保持権と氏名表示権の侵害だといって訴えました。

裁判所は、「写真家は著作権譲渡をしていない」と判断しました。ただし、写真家は「どのように使うかは御社次第です」というメールをしていたため、「宣伝目的であればトリミングなどは使用者に任せるという包括的な許諾をした」とも判断しています。また、写真家はトリミング加工や写真家の名前が表示されていないことについて、異議を述べていなかったと認定され、写真家はこのような写真の取り扱いを承諾していたと判断されています。

Memo

東京地判平成27・11・20（平成25（ワ）25251）〔ロエン誌用写真事件〕

● 成果物の著作権に関する裁判例②（幼児用絵本挿絵事件）

もう一つは、被告が発行した幼児教育教材「石井式青い鳥文庫シリーズ」の挿絵を描いた画家14名が原告となり、被告が原告らに無断で書籍を増刷した行為について著作権侵害を主張した事件があります。

被告は、原告らに対し、書籍の挿絵とするための絵画（1タイトルにつき10枚。すべてのページに挿絵が使用されている。）の制作を依頼し、原告らは挿絵を制作しました。被告は、原告らに対し、原画の画料として、書籍1タイトルにつき50万円を支払いました。

結論としては、裁判所は原告らの著作権の譲渡は認めず、支払われた画料は、本件書籍の初版1万冊の印刷と販売の許諾料であると認定しました。

被告は、支払った50万円は初版1万冊が販売された場合の売上の1割を超えるから著作権譲渡の対価として低廉ではないと主張しました。

しかし、裁判所は、①原画は、画家である原告らが、被

Memo

東京地判平成24・3・29（平成23（ワ）8228）〔幼児用絵本挿絵事件〕

告の依頼を受けて、本件書籍のために、書籍1タイトル当たり10枚の原画を新たに制作したものであること、②本件書籍は、幼児向けの絵本であり、すべてのページに原画が使用されていて、絵の重要性は高いこと、③本件書籍の構成は、見開きのページの全面に原画を用い、見開きの右側のページの一部分に文章を挿入するものであり、本件書籍の大部分を原画が占めていること、④本件書籍の単価は430円であり、初版として1万冊が印刷され、幼稚園等向けに販売が予定されていたことを指摘し、これらの事情からすると、画料1タイトルについて50万円を原告らの主張のとおり本件書籍の初版1万冊の印刷と販売の許諾料と考えたとしても、特段不合理とはいえないと評価しています。

　また、この事案では、原告の1名は、原画を掲載した本件書籍の増刷を知った後に内容証明で警告していました。他方、原画を利用したカレンダーの制作について配布を受けながら抗議をしていませんでしたが、これは販売目的と認識していなかったためで、カレンダーの体裁や、カレンダーが原告らに配布された当時、原告らと被告との間で増刷の問題は顕在化しておらず、両者の間に問題はなかったことなどからすると、原告らの説明は、不自然ではないとして、これらの経緯は著作権を譲渡した事実を推認するに足りない、と裁判所は判断しています。

　このように、契約書で明確な取り決めがない場合、裁判所は、対価の金額やその意味合い、被告の無断利用を認識した著作権者が異議を述べているかどうか、当事者間のコミュニケーションなど様々な事情を考慮して判断することになります。

著作権譲渡が求められるのはどのような場合？

　どのような場合であれば、クライアントに著作権を譲渡してもよいでしょうか。

　一つの視点は成果物がクライアントによって長期間使用される予定かどうかになります。例えば、企業のロゴ。商品のパッケージデザインもそうです。長期間使用されることを想定してクライアントは発注しているはずです。また、色々な使い方が予定されているかも着眼点となります。キャラクターの制作では、ウェブサイトに使用したり、人

気が出れば商品化したりと色々な使い方が想定されます。このような場合にはクライアントが著作権の譲渡を希望するのも理由があるといえるでしょう。

トラブルを避けるためにも契約書を交わそう

契約書がない場合、裁判所は著作権の譲渡ではなく利用許諾をしていたと判断する傾向があります。ですが、必ずしもクリエイターに有利なわけではなく、利用範囲についてどのような判断をされるかは予想が難しいです。トラブルを防ぐためにも、できるだけクライアントとの間で契約書を取り交わすことをおすすめします。クリエイターは、仮に著作権を譲渡するとしても、例えば、ポートフォリオとしてウェブサイトに成果物を無償で掲載できるよう、クライアントから許諾を得ておくべきでしょう（P128）。

●契約書の締結ができない場合

もしスケジュールが厳しいなどの理由で契約書の締結ができない場合は、他の手段でクライアントが何の対価を支払ったのかを明確にしておくべきです。

例えば、クライアントに提出する見積書に、著作権譲渡なのか、利用を許諾するのかを記載しておくのもよいでしょう。その見積書に対する発注が来て料金が支払われたのであれば、何の対価としての支払いであったかが明確になります。なお、巻末（P221）には見積書のサンプルを付録で付けていますので、参考にしてください。

繰り返しになりますが、契約書や事前の取り決めなしに成果物の制作をした結果、権利の帰属について後日認識のずれが生じて争いになる、というのは典型的な紛争パターンです。くれぐれも注意してください。

Memo

市原えつこ「木村剛大弁護士に聞く、即戦力で使える法知識」ウェブ版美術手帖（2022年8月13日）でも見積書に著作権の帰属に関する記載を入れる方法を紹介しています。
https://bijutsutecho.com/magazine/series/s58/25907

東京地判令和3・1・28（平成30（ワ）38078、令和元（ワ）21434）〔モモクマ事件〕でも、裁判所は見積書の記載について、業務範囲を判断する証拠として考慮しています。

まとめ

✓クリエイターとクライアント、どちらが著作権を持つかは契約内容次第。
✓契約書などで明確な取り決めがない場合、裁判所は著作権の譲渡ではなく、利用許諾と判断する傾向がある。
✓契約書が締結できない場合、見積書などで何の対価なのかを明確にしておく。

自分の作品を公開するのに クライアントの許可は必要？

広告ポスターのメインビジュアルとしてクライアントに納品した写真を自社のウェブサイトにポートフォリオとして掲載したいのですが、クライアントから許可を得る必要はありますか？

自分の制作物でも掲載できるかは契約内容次第

この場合、クライアントとの契約内容を確認する必要があります。最初に確認するポイントは、作品の著作権をクリエイターからクライアントに譲渡しているかどうかです 01 。

クライアントに著作権を譲渡すると、クリエイターは著作権を持たなくなります。ポートフォリオとしての公開でも複製権（著作権法21条）、公衆送信権（同23条）の対象になるので、著作権者であるクライアントの許可が必要となります。

著作権の譲渡ではなく、クライアントに著作権の利用許諾をする場合は、著作権はクリエイターに残ります。この場合、クリエイターもポートフォリオとして作品を公開することが可能です。また、クライアントの許可は不要です。

なお、P127でも解説したとおり、契約書で取り決めておらず、著作権をどちらが持つか何も話し合いがない場合は、クリエイターがクライアントに著作権の譲渡をしたことになる可能性は低いです。

01 「譲渡」か「利用許諾」かによる公開の可否

契約内容	クリエイター	クライアント
著作権の譲渡	公開にはクライアントの許可必要	自由に利用可能
著作権の利用許諾	クライアントの許可なく公開可能	許諾を受けた範囲で利用可能

契約によって柔軟な取り決めが可能

　クリエイターが理解しておくべきことは、契約は単純に「著作権を譲渡するかしないか」ではなく、条件は柔軟に変更できるという点です。

　具体的には、クリエイターからクライアントに著作権を譲渡する場合でも、「自分が制作した作品であることをポートフォリオとして掲載するためであれば自由に公開してよい」という取り決めがあれば、クリエイターは作品を公開できます。このような取り扱いを「ライセンスバック」といいます。

　逆に、クリエイターからクライアントに利用許諾をした場合でも、「クリエイターはクライアントの許可なく制作した作品を公開できない」という取り決めがあれば、クリエイターはクライアントの許可なく作品の公開はできません 02 。

02 修正した契約条件による公開の可否

条件	クリエイター	クライアント
譲渡＋ライセンスバック	公開可能（クライアントの許可あり）	自由に利用可能
利用許諾	クライアントの許可なく公開可能	許諾を受けた範囲で利用可能
利用許諾＋クリエイター公開制限	公開にはクライアントの許可必要	許諾を受けた範囲で利用可能

どのような規定を契約書に記載すべきか

　 02 にある条件を盛り込むために、契約書でどう記載すべきか。その例を以下に紹介します。

●著作権の譲渡

第○条（権利の帰属）
1 成果物に関する一切の著作権（著作権法27条及び28条の権利を含む。）は、検収完了時に乙から甲に移転する。
2 乙は、甲に対し、成果物の著作者人格権を行使しないものとする。

Memo
甲：クライアント
乙：クリエイター

「著作権法27条及び28条の権利を含む。」とされている理由は、著作権法で「これらの権利が譲渡の目的として特に掲げられていないときは譲渡人に留保されると推定する」、という規定があるためです。例えば、「一切の著作権は、検収完了時に乙から甲に移転する。」というだけだと「特に掲げられていない」ので、「著作権法27条及び28条の権利」はクリエイターに留保されていることになります（パチンコゲーム機等映像事件）。

Memo
著作権法27条は翻案権等、28条は二次的著作物の利用に関する原著作者の権利（P200参照）

　また、「著作者人格権を行使しないものとする。」という書き方も、著作権の譲渡がされる際にはセットでよく出てきます。「譲渡する」ではなく「行使しない」となっているのは、著作権法で著作者人格権は譲渡できないからです。

Memo
東京地判平成18・12・27判タ1275・265〔パチンコゲーム機等映像事件〕

　譲渡はできなくても「翻案権も含めて著作権の譲渡をしたのに、著作者人格権（同一性保持権）でクリエイターから文句を言われては困る」ため、著作者人格権は「行使しない」という取り決めをする、ということです。

Memo
著作権法59条（著作者人格権の一身専属性）
著作者人格権は、著作者の一身に専属し、譲渡することができない。

● 著作権の譲渡＋ライセンスバック

○条（権利の帰属）
1　成果物に関する一切の著作権（著作権法27条及び28条の権利を含む。）は、検収完了時に乙から甲に移転する。
2　乙は、甲に対し、成果物の著作者人格権を行使しないものとする。
3　乙は、ウェブサイト、印刷物、その他媒体を問わず、甲による成果物の公表以降、成果物を自己のポートフォリオとして公表することができる。

　この参考例は、クライアントに著作権を譲渡するが、クリエイターは自身のポートフォリオとして作品を公開してよいという条項の例になります。

　クリエイターにとって、ポートフォリオは最大の営業ツールです。クライアントから成果物の著作権を譲渡して欲しいと要望された場合でも、クリエイターの立場からは最低限ポートフォリオとしての作品利用はできるように、条項の追加を求める提案をすべきでしょう。

● 実績紹介としてのウェブサイトへの著作物掲載を巡る裁判例（日本デザイン・センター事件）

　日本デザイン・センター（被告）が実績紹介として自社

Memo
東京地判令和5・5・18（令和3（ワ）20472）〔日本デザイン・センター事件〕

のウェブサイトに写真家の写真を掲載していたところ、写真家(原告)が許諾していないとして著作権侵害で訴え、損害賠償が認められた事件があります。

被告は、JTの販売するたばこ「さくら」の販売促進のための小冊子「さくら SAKURA」の作成を行い、小冊子への原告写真の掲載に関しては許諾料を支払い、許可を受けていました。しかし、自社のウェブサイトへの掲載については許可を得ていなかったという事案です。

被告は、写真家等のクリエイターにとっても、実績紹介として写真等が使用されることにはメリットがあることなどから、広告デザイン業界においては、このような実績紹介として写真等を使用する場合には、クリエイターに利用許諾を求めない慣行が存在する、と主張しました。しかし、裁判所は、「少なくとも、被告会社が無断複製防止措置なく本件各写真のデジタルデータを掲載するような態様についてまで、クリエイターに利用許諾を求めない慣行が存在するものと認めることはできない。」として被告の主張を採用しませんでした。

 COLUMN 著作者人格権の不行使特約は受け入れなくてはいけない？

著作権の譲渡が定められる場合、「著作者人格権を行使しない」、という文言もセットで規定されることが実務では多くなっています。著作権を譲渡してもらう場合、その著作物を自由に利用することを目的にしているためです。つまり、著作権の譲渡を受けたのに、著作者人格権で利用を制限されることを避けるための文言です。著作者人格権は譲渡できない権利であるため、権利を行使しないことを合意しておくのです。

しかし、もちろん著作者人格権の不行使について受け入れるかはクリエイター（著作者）の判断によります。納品した成果物をクライアントが改変する場合にはクリエイターと協議して合意を得る、成果物を利用する際にクリエイターが指定したクレジット表示をするなど、クリエイターとして譲れない事項があれば交渉すべきでしょう（P225注釈❹参照）。

クリエイターの立場からすると、業務が進んでしまってからではなく、なるべくはやい段階で著作者人格権の不行使が求められるかも確認した上で、そもそも案件を受けるかを判断するのが望ましい進め方だと思います。

まとめ

✅契約で著作権を譲渡してしまうとポートフォリオとして公開できない可能性がある。

✅著作権を譲渡する場合でも、ポートフォリオとしての公開は許可してもらうよう条項を追加する。

✅実績紹介としてウェブサイトに他人の著作物を許諾なく掲載する行為は、著作権侵害になる。

納品したデザインが勝手に改変されて使われていた

クライアントに納品したイラストが無断で改変されて発売されていました。事前に何の連絡もなく、勝手に改変するのは著作権の侵害では？　文句は言えないのでしょうか？

当事者の合意内容がポイント

このケースでもP124などと同様、著作権が譲渡されていたのか、利用許諾なのか、利用許諾だとしてもどのような範囲でデザイナーが許諾していたのかがポイントになります。実際に裁判になった事例をみてみましょう。

● デザイン改変に関する裁判例（モモクマ事件）

モモクマ事件は、教訓が詰まった事件です。多くの争点がある裁判ですが、デザインの改変や利用範囲に関する争点を中心に紹介します。

原告は浪漫堂という広告、デザイン制作会社で、被告ウェルネスフロンティアはFIT365というフィットネスジムやヘッドスパ等を運営する会社です。被告は、原告に対し、ロゴやデザイン等の作成など様々なデザイン関連業務を委託していました。

・争点1：ヘッドスパの店舗外観用イラスト

争点のひとつは、被告によるヘッドスパの店舗外観用イラスト 01 の使用について原告が許諾していたかです。

Memo

東京地判令和3・1・28（平成30（ワ）38078、令和元（ワ）21434）〔モモクマ事件〕

01 ヘッドスパの店舗の外観に用いる原告イラスト
（店舗外観用イラスト）

出典：モモクマ事件原告著作物目録1

被告は、原告に対してロゴブックの対価を支払っており、そこには、ロゴブックのロゴマークと連続性を有する店舗外観用イラストの使用の対価も含まれると主張しました。

しかし、裁判所は、店舗外観用イラストは、ロゴブックに記載された樹木全体のロゴマークの一部を切り出した上で、それと小さなロゴマークやキャッチコピーを組み合わせるなどしたものであり、樹木の一部分である枝葉が特に印象に残る形で表現されている、全体としてまとまりのある表現であり、樹木全体を表現するロゴブックに記載されたロゴマークとは別の著作物ということができる、として原告は店舗外観用イラストの使用許諾をしていないと判断しました。

・争点2：モモクマのイラスト

もうひとつの争点は、被告によるアニメーションイラスト使用について原告のイラストの翻案権を侵害するかです。

まず、原告が著作権を有するモモクマのイラストは、02 のとおりです。

続いて、被告が使用したのは 03 のイラストです。

02 原告作成のモモクマのイラスト

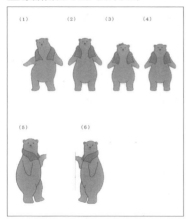

出典：モモクマ事件原告著作物目録2

03 被告作成のイラスト

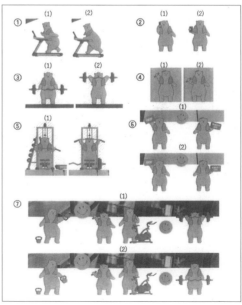

出典：モモクマ事件翻案物目録

被告は、アニメーションイラストの使用行為について、有償で制作されて納品を受けたイラストを利用しているにすぎず、使用許諾がされていると主張しました。

しかし、裁判所は、原告と被告との間で、モモクマのイラストを自由に使用できる合意はなかったとして、被告による翻案権侵害を認めています。裁判所が指摘した内容の概要を紹介します。

・キークリエイティブ見積書には、BI（ブランドアイデンティティ）キャラクターデザイン費A、Bの内容について、いずれもデザインの制作としているものであり、それらで制作されたものについて、被告が、原告の関与なく自由に利用できることが明示されているとはいえない。また、それら制作の作業をすることによって、制作されたイラスト、写真について、被告が、原告の関与なく自由に利用できることが、原告と被告間で話されたことはなかった。

・被告は、原告に対し、キークリエイティブの制作やキービジュアル撮影について、見積書の送付を受けて支払をしたが、その上で、それとは別に、モモクマのイラストや写真を用いたチラシ、のぼりを含む、様々な個別の物品の制作について、備品等の細部に至るまで自ら作成せずに原告にこれらを依頼し、原告はそれを納品し、その対価を得た。これは、被告自身がモモクマのイラスト等を自由に利用して自ら広告物を制作することを想定していなかったことをうかがわせる。

・C（被告の企業広報部門の従業員）は、原告代表者に対し、原告との契約を継続できないことを前提に「FIT365」のロゴやキークリエイティブ一式についてのバイアウトの価格の概算を教えてもらいたい、被告は500万円程度を想定していると連絡した。上記の連絡は、被告が、「FIT365のロゴやキークリエイティブ一式」については、著作権その他の権利は原告が保有していて、原告に対して何らかの対価を支払わない限り、被告がそれを自由に利用できないことを前提としていたことを示す。

- 上記に照らせば、原告と被告間では、キークリエイティブ開発によって制作されたモモクマのイラスト、写真と、それらを利用して制作される個別具体的な物品や広告は別個という理解を前提としていたと認められる。

- 以上によれば、原告と被告間で、モモクマのイラストについて、原告が納品したモモクマのイラストが使用された物品やウェブサイトを被告が使用することを超えて、イラスト自体を、被告が、原告が納品した物品やウェブサイト以外で使用することは合意されていたとは認められない。

このように、契約書がないときには個別の事実関係を考慮して、当事者間でどのような合意があったのかを裁判所が認定することになります。モモクマ事件ではクリエイターに有利な判断になりましたが、事実関係によっては、クライアントの改変について許諾があったとされることもあるので、注意が必要です。

権利関係のトラブルは、契約書を交わしていない場合によく発生します。デザイナーとクライアント間で共通の認識をもって円滑に仕事を進めるためにも、契約書を作成することをおすすめします。

Memo

東京地判平成 29・11・30（平成 28（ワ）23604）〔商品包装デザイン改変事件〕。本書初版CHAPTER5-03 参照

まとめ
- ◆デザイナーに著作権がある場合、無断の改変は著作権侵害になるのが原則。
- ◆契約書がない場合、当事者間での合意内容次第で利用許諾の範囲が判断される。
- ◆事実関係によっては改変について許諾があったとされることもある。

不採用だったコンペの企画やデザインは他社に出してもOK?

 A社のコンペに参加し、企画やデザインカンプを提出しましたが残念ながら採用されませんでした。自信作だったので、まったく別の業種であるB社のコンペに一部を流用したいのですが大丈夫でしょうか?

アイデアや企画は著作物ではない

　著作物とは、思想又は感情を創作的に表現したものです。著作物になるためには、アイデア、コンセプト、企画レベルではなく、「具体的な表現」である必要があります。

　企画書やプレゼン資料として提出した文章、デザインカンプ、イラストなどはアイデアが具体的な表現のレベルまで落とし込まれていますので、著作物になります。したがって、流用できるかどうかは、その著作物の最終的な著作権が誰に帰属するかによります。

　一方、抽象的なアイデアや企画自体は著作権の保護対象外なので、著作権は直接関係しません。そのため、同じアイデアと企画をB社のコンペに出すことは、A社のコンペの条件として禁止されていない限り問題ありません。

　しかし、これを別視点から見ると、たとえ企画を採用されなかったとしても、その企画とアイデアをA社が許可なく利用してもクリエイターは文句をいえないことになります。

　これを防ぐには、事前に契約書などを交わし、無断利用を禁止する必要があります。

Memo
著作権法2条1項1号

Memo
知財高判平成29・10・13（平成29（ネ）10061）〔ステラ・マッカートニー事件控訴審〕

文章、デザインカンプ、イラストなどの制作物は、最終的な著作権の帰属に要注意

　前述のとおり、コンペやプレゼンとはいえ、企画書や資料にある文章、デザインカンプ、イラストなどは著作物になります。そのため、流用については最終的な著作権の帰属を確認する必要があります。

●**制作費が支払われないコンペ**

　制作費が支払われないコンペの場合、主催者は「採用制作物のみ」に対して制作費を支払うかわりに、著作権の譲渡とともに著作者人格権の不行使（著作物の使用方法や改変に異議を唱えないこと）を求める傾向にあります。

　もし制作物が採用され、この条件に同意したなら、同じ制作物を流用することはできません。もし不採用になった場合、（その他の条件がなければ）著作権はクリエイターにあるため、今後も同じ制作物を自由に使うことができます。

　なお、ここでいう「その他の条件」とは、例えば「コンペに提出した作品は他で使用不可」などの契約を結ばされた場合などです。ただ、コンペ費なしで、この条件を飲むクリエイターは滅多にいないでしょうし、同意すべきでもないでしょう。

●**制作費が支払われるコンペ**

　一方、制作費が支払われるコンペの場合、採用、不採用にかかわらず主催者が費用を支払っている以上、規約の中で、デザイン案について著作権の譲渡を求めることがありえます。そのため、クリエイターが同じ制作物を自由に使うことができない可能性があります。

　以上のことから、少なくとも同時に複数のコンペに同じ制作物を出すことは避けたほうがよいでしょう。しかし、すべては契約内容次第なので、最終的な権利の帰属については事前に必ず確認しておくことをおすすめします。

Memo

コラム「著作者人格権の不行使特約は受け入れなくてはいけない？」（P131）参照

 COLUMN　生成AIの利用可否についても確認しよう！

　生成AIの利用が広まったことでコンペの規約で生成AIの利用について規定されることも出てきました。生成AIの利用が禁止されることもありますので、事前に確認するようにしましょう（コラム「生成AIと著作権」（P041）も参照してください）。

ま　と　め

- ✓「抽象的なアイデアや企画」は著作権の対象にはならないため、利用条件に何も規定がなければ他の会社に対しても使用することができる。
- ✓「抽象的なアイデアや企画」は著作権の対象にはならないというのは、別の視点から見れば、クリエイターが提案した企画やアイデア自体は誰もが利用できるということ。
- ✓具体的な制作物の提出の前にはコンペの条件や最終的な著作権の帰属を必ず確認しておく。

コンペで採用されなかった デザインが勝手に使われた

Q クライアントに提案したデザイン案が採用されなかったのに、後日 クライアントが無断で使っていたことが判明。これって料金を請求 できますか?

CHAPTER 5　契約・権利の所在

典型的な紛争パターンなので要注意!

　このケースのように、クライアントから提案を求められ て提案したところ、「結局自分の案は採用されなかったのに、 提案内容に類似した案をその後勝手に使用されてしまっ た」というのは典型的な紛争パターンです。ここでは、ク リエイターがどの程度の具体的な提案をしたのか、クライ アントは何を使用したのか、というケースバイケースの判 断が必要になります。

アイデア自体に著作権はない

　著作権法は、表現は保護するがアイデアは保護しない、 とよくいわれます。アイデアを保護しないのは、あるアイ デアからは多様な表現が生まれる、そして多様な表現が生 まれることが文化の発展になる、というのが著作権法の設 計思想のためです。

　広告写真ならば、被写体のポーズや背景の雰囲気などを 提案しても、この程度のレベルでは著作権が発生するほど の具体的な表現とはいえず、抽象的なアイデアにとどまる でしょう。そして、クライアントがこの抽象的なアイデア を無断で使用して他の写真家に撮影を依頼したとしても、 提案した写真家に著作権はない以上、著作権を理由に料金 を請求したり、使用をやめさせたりすることはできません。 一方、デザイン案で使われていた画像が「そのまま」使用さ れていたら、それは具体的な「表現」として保護されること になり、著作権を根拠に料金の請求や使用の禁止を求める ことができるでしょう。

「表現」と「アイデア」の線引きは難しい

ただ、現実には「表現」と「アイデア」との間に明確な境界線を引くには難しいケースが多くあります。アイデアにとどまるとして著作権侵害にならなかったケースと、表現であるとして著作権侵害になったケースを見てみましょう。

● 著作権侵害にならなかった裁判例①
（ケイト・スペード事件）

米国の事件ですが、典型的な紛争パターンを示しており、日本でも同様の判断になると思われる事例を紹介します。

写真家のビル・ディオダートは、写真エージェントを通じてファッションブランドのケイト・スペードからポートフォリオ提出のリクエストを受けました。そのポートフォリオに含まれていたのが 01 にある左の写真です。ポートフォリオは、ケイト・スペードのリクエストで1度返却された後にもう1度送られ再度返却されていました。その後、ケイト・スペードは別の写真家を起用して 01 の右にある写真を撮影し、広告キャンペーンに使用しました。

裁判所は、2つの写真の共通点は、著作権で保護される要素ではないので、侵害ではないと判断しました。女性の足がトイレの下部から見えていて、ファッショナブルな靴やバッグが見えている、というレベルではアイデアが共通するにとどまる、という判断です。

Memo

Bill Diodato v. Kate Spade, 338 F. Supp. 2d 382 (S.D.N.Y. 2005)

Memo

なお、ケイト・スペードからは「ビル・ディオダートの著作物ではない」証拠として、ストックフォトから類似のセッティングによる写真が複数提出されたようです。

05 コンペで採用されなかったデザインが勝手に使われた

01 （左）原告写真家作品　（右）ケイト・スペード写真

出典：Barbara Kolsun, Protection of Design, 2012 Luxury & Fashion Industry Conference, September 28, 2012

● 著作権侵害にならなかった裁判例②
（ステラ・マッカートニー事件）

　次は、日本の事例です。ファッションブランド「ステラ・マッカートニー」の店舗を設計、建築した竹中工務店に対し、設計事務所が自らも共同著作者である、と主張して訴えた事件です。

　施主はエーエイチアイという会社で、施主が設計事務所に外観デザインの監修を依頼したという経緯があります。施主の事務所で打ち合わせが行われた際に、竹中工務店の設計担当者と原告となった設計事務所の代表者も同席しましたが、竹中工務店の設計担当者は設計事務所の同席は聞いておらず初対面でした。その場で、設計事務所からは、外観デザインとして組亀甲柄を等間隔で同一方向に配置、配列するという設計資料と模型を用いて設計案の説明がなされ、設計事務所は、竹中工務店に対して共同設計の提案をしましたが、竹中工務店は断ったとされています。これ以前に組亀甲柄を等間隔で同一方向に配置、配列する案は出ていませんでした。その後、施主から設計事務所に対して監修費として210万円の報酬が支払われています。

　ステラ・マッカートニーの建物は、複数の賞を受賞し、評価されています。しかし、いずれの受賞についても建物の著作者は竹中工務店のみとされていました。これに対して、設計事務所が自分も共同著作者であり、自分の氏名が表示されていないのは氏名表示権を侵害するとして裁判に至りました。

　結論としては、裁判所は、第一審、控訴審ともに著作権の侵害を認めていません。設計事務所の提案した外装スクリーンの上部部分に白色の同一形状の立体的な組亀甲柄を等間隔で同一方向に配置、配列する、というのはアイデアにとどまるとの判断です 02 。

02 ステラ・マッカートニー事件　（左）原告作成のプレゼン図面
　　（右）ステラ・マッカートニー店舗外観

出典：（株）照井信三建築研究所
（@teru282）Twitter
(https://twitter.com/teru282/
status/639664890093768704)

Memo
・知財高判平成29・10・13（平成29(ネ)10061)〔ステラ・マッカートニー事件控訴審〕
・東京地判平成29・4・27（平成27(ワ)23694)〔ステラ・マッカートニー事件第一審〕

Memo
一般社団法人日本空間デザイン協会主催の「DSA 日本空間デザイン賞2015」の「C部門 商業・サービス空間部門」の入選作品、一般社団法人日本商環境デザイン協会主催の「JCD Design Award2015」の準大賞作品

● 著作権侵害になった裁判例（永禄建設事件）

　永禄建設事件では、永禄建設の会社案内を作成するにあたり、デザイン事務所サンドケーが文章と写真の組み合わせによって構成された会社案内企画案を提出したものの、金額面で条件が合わずに採用には至りませんでした。しかし、その後、永禄建設が他社に依頼し、これに類似したレイアウトの会社案内を作成して、出版したために、デザイン事務所が著作権の侵害を主張して訴えました 03 。

　裁判所は、2つの会社案内がともに24頁で企業理念、業務内容、実績、企業の概要等の配列順序が同一である上、各記事に対しての配当頁数もまったく同一で、イメージ写真も類似のものを配置し、会社案内の余白の使い方も類似しているとして、著作権（編集著作権）の侵害を認めました。ここまで似るとさすがに具体的な表現が共通するとされています。

Memo

東京高判平成 7・1・31 判時
1525・150〔永禄建設事件控訴審〕

03 上：サンドケー提案のカンプの一部
　　下：永禄建設のパンフレットの一部

出典：日経デザイン2002年7月号
　　　115頁

アイデアを保護するには？

　過去の裁判例をみると、かなりクリエイター側に厳しい印象があります。前述したように、著作権法でアイデア自体を守ることはできません。また、著作物性がある場合も、裁判所の判断に沿って考えると、かなりの類似点がなければ著作権侵害にならないことになります。このような現状で、表現やアイデアを保護しようとするのなら、何らかの工夫が必要です。

　例えば、提案する段階で一定の対価を支払ってもらえるように交渉すること。そして、提案前に秘密保持契約を締結し、提案内容を契約上、秘密情報として扱うように約束しておくことが考えられます。

Memo

コンペに提出した企画書やデザイン案などの著作権については
P136も参考にしてください。

Memo

三村量一「建築デザインの法的保護」コピライト682号（2018）2頁、17頁参照

まとめ

- ●提案する内容がある程度ラフな内容にとどまるときは、アイデアのレベルとして著作権では保護されないことに注意。
- ●クリエイターが提案した企画やアイデアが正式に採用されず、後日、別のクリエイターにその企画やアイデアをベースに発注がされるのは、典型的な紛争パターン。
- ●アイデアレベルの提案を保護するには、秘密保持契約を締結し、提案内容を契約上の秘密情報として扱うことにするといった工夫が必要。

SECTION 06 共同著作物は自分も著作者の 一人だから、自由に使える?

6人の共著で出版した本に、日本語での増刷と英語での翻訳出版の話が出ています。各パートは、複数の著者が議論しながらその内容をまとめたものです。この場合、過半数の合意があれば進めてよいのでしょうか?

実は著作権の「共有」は制約が大きい

結論からいうと、進めてよいかの判断は大変難しく、過半数である4人の合意では使えないという理解でいたほうがよいでしょう。

様々な場面で複数人が創作に関与して作品をつくることがあると思います。著作権法では、「共同著作物」というシステムが定められていて、なるべく共同して著作物を創作した人の全員の合意によって一体的に扱う設計になっています。

●共同著作物とは?

「共同著作物」とは、「二人以上の者が共同して創作した著作物であって、その各人の寄与を分離して個別的に利用することができないもの」(著作権法2条1項12号)のことです。ただ単に「複数人で共同して創作した」だけではなく、「各人の寄与を分離して個別的に利用することができない」ことまで必要です。

●結合著作物とは?

例えば、この書籍のカバーデザインは角田綾佳さんが描いています 01 。書籍としてはカバーデザインも本の一部になっていますが、そのカバーデザインイラストは、書籍の中身の記述とは別途のパッケージに使用することもできます。このようなカバーデザインイラストと書籍の中身の記述との関係は、共同著作物ではなく、結合著作物と呼ばれて区別されています。それぞれ独立した著作物なのですが、それがくっついているイメージですね。

Memo

東京高判平成10・11・26判時1678・133〔だれでもできる在宅介護事件控訴審〕、東京地判平成9・3・31判時1606・118〔だれでもできる在宅介護事件第一審〕では、書籍のイラストと説明文について、結合著作物とされています。

CHAPTER 5 契約・権利の所在

01 本書籍のカバーデザイン

●共同著作物かの判断は難しい

　書籍を共同で執筆する場合も、各パートの執筆担当が明確に決められていて、他の執筆者が関与していないようであれば、結合著作物であり、共同著作物ではありません。逆に、執筆者がともに議論して各パートを執筆しているような場合は、共同著作物になることもあるでしょう。共同著作物かどうかも判断は難しいのです。

●共同著作者になるには創作的な関与が必要

　著作物の作成に何らかの関与をすれば共同著作者になるわけではなく、共同著作者になるには創作的な関与が必要になります。

　100枚レターブック事件では、書籍『100枚レターブック　西洋の美しい装飾』のカバーデザインに関して出版社パイインターナショナル（原告）がデザイナー（A）とともに共同著作者になるかが争点となりました 02 。

02『100枚レターブック　西洋の美しい装飾』カバーデザイン

出典：PIE International
ウェブサイト

　裁判所は、原告とAの出版契約では、Aがカバーデザインを含む書籍の「著作権者」、著作者であることを前提に、「出版者」原告に対し、書籍を複製・頒布することを許諾し、原告からAに対する著作権使用料の支払いが合意されてい

Memo

作花文雄『詳解 著作権法〔第6版〕』（ぎょうせい、2022）182頁参照

Memo

東京地判令和3・5・27〔令和2（ワ）7469〕〔100枚レターブック事件〕

06　共同著作物は自分も著作者の一人だから、自由に使える？

ること、また、カバーデザインの表面には、「A」との記載
や、DESIGNED BY Aとの記載がされ、原告の記載はな
いこと、さらに、原告の従業員等が、書籍（カバーデザイ
ンを含む。）に関して、Aとともに共同著作者として認めら
れる程度の創作的関与をしたことを根拠付ける事実の主張、
立証もないことを指摘して、出版社は共同著作者ではなく、
著作者はAのみだと判断しています。

● 共同著作物の利用は全員の合意が必要

共同著作物になると、自分で著作物を利用する場合も他
の共有者全員の合意が必要になります（著作権法65条2項）。
著作物の出版、増刷をすることもそうですし、翻訳出版な
どのために他の人に使用させるライセンスについても全員
の合意がなければできません。

このように、著作権の「共有」は、実は著作物を利用する
上で制約が大きいのです。

「正当な理由」があれば使用可

もっとも、「全員の合意がないといけない」のは著作物の
利用を妨げてしまう面もあります。そこで、「正当な理由」
がない限り、他の共有者は合意の成立を妨げられません
（著作権法65条3項）。

ですが、「正当な理由」の解釈は、裁判実務でもはっきり
としているわけではなく、判断が難しいです。一応の基準
としては、利用を望む共有者と利用を望まない共有者の事
情を比較して、利用を望まない事情のほうが優越するとき
に「正当な理由」がある、とされています。

ですが、「そうはいわれても……」と「正当な理由」の具体
的なイメージはあまり湧かないかもしれません。

● 正当な理由があると判断された裁判例（経済学書籍事件）

裁判例では研究者が共著で書いた経済学の書籍について、
1名が書籍の重版と韓国語版の出版の合意を求めましたが、
もう1名が拒絶したために裁判になった事例があります。

拒絶した著者に有利な事情としては、執筆後から数年が
経過したことで書籍の内容が陳腐化していること、書籍に
対する貢献は拒絶した著者の貢献が合意を求めた著者の貢
献よりも相当上回っていること、拒絶した著者は、書籍の

Memo
著作権の共有という状態は、①複数人で共同著作物を創作した場合、②著作権の譲渡や相続によって持ち分を複数人が有する場合でも起こります。いずれも同じ取り扱いになります。

Memo
東京地判平成12・9・28（平成11（ワ）7209）〔経済学書籍事件〕

内容の見直しが必要と研究者として感じていて、過去の業績をそのままもう一度世に出すことに抵抗を感じていることが認定されています。

　一方で、書籍の増刷をしなければ合意を求めた著者の生活が困るような事情はなく、書籍の重版、翻訳出版をすることが合意を求めた著者の学者としての業績に不可欠のものでもない、と裁判所は認定して、この事件では、重版、翻訳出版を拒む「正当な理由」があるとされました。

● 著作権の共有は使い勝手が悪い

　「共有」というと、何となく公平な響きがあるため、どちらが著作権を持つのか契約条件について時間をかけて交渉するよりも、とりあえず「共有」にしておけばよいのではないか、と思われるかもしれません。

　しかし、実際には著作権の「共有」は使い勝手のよいものではありませんので、十分に気を付けてください。なお、あらかじめ著作権を代表して行使する人を定めることもできます（著作権法65条4項・64条3項）。事前に協議をして、可能であれば取り決めておくのもよいでしょう。

まとめ

　✓共同著作者になるには、著作物の作成に創作的に関与する必要がある。

　✓実は著作物の利用には制約が大きいので、安易に著作権の共有はしないほうがよい。

　✓できれば契約書を結んで代表して著作権を行使する人をあらかじめ決めたり、可能な利用方法を決めたりしておくとトラブルを避けやすい。

SECTION 07 在籍中に描いたイラストは、退職したら使えない?

Q 先日会社を退職したのですが、私が会社員時代に会社のウェブサイトに描いたキャラクターは、会社を辞めたら描けなくなってしまうのでしょうか? 現在はフリーなのですが、パートタイムで会社に勤務するときに注意することがありますか?

「職務著作」に注意!

結論からいうと、そのキャラクターの著作権は、会社が持っており、実際に描いたイラストレーターであるとしても、会社の許諾なしで描いてウェブで公開したり、出版物に使用したりすることはできません。ここでのポイントは「職務著作」という制度です。

> **Memo**
> なお、純粋に自分で楽しむために描くことは禁じられません(著作権法30条の私的使用目的の複製)。

> 第15条(職務上作成する著作物の著作者)
> 1 法人その他使用者(以下この条において「法人等」という。)の発意に基づきその法人等の業務に従事する者が職務上作成する著作物(プログラムの著作物を除く。)で、その法人等が自己の著作の名義の下に公表するものの著作者は、その作成の時における契約、勤務規則その他に別段の定めがない限り、その法人等とする。
> 2 法人等の発意に基づきその法人等の業務に従事する者が職務上作成するプログラムの著作物の著作者は、その作成の時における契約、勤務規則その他に別段の定めがない限り、その法人等とする。

この場合、キャラクターの著作権を会社と実際に描いたイラストレーターのどちらが持っているのかを確認する必要があります。

原則としては創作した人が著作者であり、著作権を持ちます。そのため、キャラクターの著作権は描いた人が持つというのが出発点になります。

ただ、会社は、多くの従業員を抱えて「業務」として多数の著作物を生み出しています。もし会社が従業員の創作した著作物を利用する際、それぞれの従業員に許諾を取るこ

CHAPTER 5 契約・権利の所在

とになると、あまりにも面倒で手間が掛かります。このような事態に対処するため、例外として「職務著作」があります。

「職務著作」とは、簡単にいうと「従業員が業務上、法人名義での公表が予定される著作物を創作した場合、法人に著作権を帰属させる」制度です。特徴的なのは、職務著作になると、法人が「著作者」になります。つまり、会社は、著作権だけでなく著作者人格権も持つことになるのです。具体的には、次の4つの条件をみたす場合には職務著作になります。

●①法人等の発意

これは、創作することの意思決定が法人の判断でされていることをいいます。会社からの具体的な指示、命令がなくても、雇用関係にある従業員であれば、通常この要件にあてはまることになり問題にはなりません。

●②業務に従事する者が職務上作成

典型例は、会社に雇用されている従業員です。ただし、雇用関係にある従業員に限られるわけではなく、業務委託、派遣労働者、請負など雇用関係にない人でも、その会社の指揮監督の下で創作している場合には、この条件をみたすことがあります。

例えば、ゼンリン住宅地図事件では、ゼンリン住宅地図を作成するために、居住者名や番地、詳細な家形枠等の現地調査の業務を委託する場合があること、同業務の受託者に対し、調査を行うに当たっての注意事項をまとめた調査マニュアルを交付し、原告（ゼンリン）が支給した制服を着用させ、原告の社員証又は調査員証の携帯を義務付けるとともに、番地、名称、地形、地物、交通情報、建物、ビル、マンション等により定めた記載方法に従って、調査結果を調査原稿に記載するよう指示しているといった事実関係を認定し、業務委託でも原告の指揮監督の下、原告の職務遂行として行ったと認められています。

また、神獄のヴァルハラゲート事件では、グラニが提供している「神獄のヴァルハラゲート」という 01 の携帯電話向けソーシャルアプリケーションゲームの開発にあたり、開発に関与した人物がゲームの共同著作者であるから、ゲームの著作権を共有すると訴えました。

Memo

東京地判令和4・5・27（令和元（ワ）26366）〔ゼンリン住宅地図事件〕

Memo

東京地判平成28・2・25判時2314・118〔神獄のヴァルハラゲート事件〕。なお、最判平成15・4・11判時1822・133（RGBアドベンチャー事件）の基準が用いられています。

01 「神獄のヴァルハラゲート」ゲーム画面

出典：iPhoneアプリ「神獄のヴァルハラゲート」

　この開発者は、グラニの代表者と元同僚であり、グラニの設立以降、雇用関係がないままゲームの開発に関与していました。雇用関係にはなかったものの、タイムカードで勤怠を管理されていて、グラニのオフィス内で会社の備品を使ってゲーム開発を行っており、グラニ代表者の指示の下で行動していたという事情があります。訴えた開発者はゲームの開発中は報酬を受け取っておらず、ゲームがほぼ完成した後にグラニの取締役に就任して、取締役報酬を受け取りました。このような状況で、裁判所は、「法人等と著作物を作成した者との関係を実質的にみたときに、法人等の指揮監督下において労務を提供するという実態にあり、法人等がその者に対して支払う金銭が労務提供の対価であると評価できるかどうかを、業務態様、指揮監督の有無、対価の額及び支払方法等に関する具体的事情を総合的に考慮して判断すべき」という基準を使い、この事実関係では「業務に従事する者が職務上作成」したと認めました。

　このように、会社と開発に関与した者との実態をみて、「会社の指揮監督下で労務を提供していたか、会社からの支払いがその労務提供の対価か」が判断されることになります。

● ③法人名義での公表

　これは、会社名義で公表されることを意味します。未公表のものでも、公表するなら会社名義で公表するものも含まれます。

Memo

なお、コンピュータ・プログラムについては、法人名義での公表は不要とされています。（著作権法15条2項）

●④作成時に契約、勤務規則その他に別段の定めがない

　雇用契約、社内規程などで従業員が著作権を持つという取り決めがされていれば、それは有効です。ただし、実際にそのような契約があるケースは稀でしょう。

クリエイターとして考えられる対応

●会社から許諾を得る

　以上で説明したとおり、会社員時代に描いたキャラクターは、職務著作として、会社が著作権を持っていることになるでしょう。そうすると、描いた本人でも会社に無断で使用することはできません。会社から許可を得るのが最も無難な方法です。

●キャラクターに変更を加える

　キャラクターの著作権を会社が持つとしても、そのキャラクターの作風まで会社が独占できるわけではありません。そのため、同じような雰囲気、作風のキャラクターでも変更を加えて使用する(例えば、作風は同じでも男の子のキャラクターを女の子に変更する)ことは考えられます。

　ただ、どこまで変更すればよいかはグレーゾーンになりますので争いが生じやすいのも事実です。ここは専門家の判断もできれば得ておくとよいでしょう。

> フリーの個人事業主が
> 業務委託などでパートタイムとして
> 会社のオフィスで勤務をする場合、
> 何も契約がなければ職務著作ということで、
> 自分が描いたキャラクターの著作権は
> 会社が持つということになる可能性は
> 十分にあります。
> 契約書に著作権の帰属に関して
> 必ず取り決めをしておくように
> しましょう。

まとめ

- ✔雇用関係にある場合、「職務著作」として会社側が著作権を持つ可能性がある。
- ✔職務著作である場合、クリエイターが利用する際には会社の許諾が必要。
- ✔フリーランスでも勤務形態によっては職務著作とされるケースがあるので契約書を要確認。

コピーライト表示がもつ 効力は？

「©」や「All rights reserved.」といったコピーライト表示（著作権表示）をよくみかけますが、このような表示をしておかないと何か不利益があるのでしょうか？

著作権表示をしないとどうなる？

著作権表示はよくみかけますね。ウェブサイトの下部、書籍の奥付、音楽CD、映画など日々の生活でも目にする機会が多くあることでしょう。

© Born Digital, INC 2023 All rights reserved.

書籍の場合、表示する際は上記のように、著作権表示の後に、著作権者名、発行年度を記載するのが一般的な方法です。なお、「All rights reserved.」は「全ての権利を留保する」という意味です。

もっとも、著作権の発生には著作権表示や登録は必要ありません。著作物を創作すれば、何も手続をしなくても、その人が著作権を持つことになります。著作権表示をしないと著作権が発生しないわけではありませんので、安心してください。

また、著作物を公表する際に特に著作権表示をしていなくても、もちろん著作権を放棄したことにもなりません（フラねこ事件）。

> **Memo**
>
> 第17条（著作者の権利）
> 2　著作者人格権及び著作権の享有には、いかなる方式の履行をも要しない。

> **Memo**
>
> 大阪地判平成27・9・10（平成26（ワ）5080）〔フラねこ事件〕は、被告が原告のイラストに著作権表示がなかったから原告は著作権を放棄したと主張しましたが、裁判所は「仮に原告のホームページにおいて、原告イラストについて©マークによる著作権表示がなかったとしても、著作権放棄である旨の表示がない限り、原告イラストは著作権放棄ではないと考えるのが自然」であると判断しています。

著作権表示をしておく意味とは

それでは著作権表示をする意味はどこにあるのでしょうか？ メリットを以下に2つ紹介します。

● ①著作者としての推定

一つは、著作権表示があると、通常、著作者の表示がされているともいえるので、著作物の著作者として推定されることがあります。

「推定」とは、一応著作者と認められる効果があるだけであり、著作権表示をしているから著作者だと保証されるわけではありません。つまり、著作権表示があっても、実際にその人が創作に関与していなければ、この推定はひっくり返って著作者にはなりません。

100枚レターブック事件では、書籍『100枚レターブック　西洋の美しい装飾』のカバーデザインに関して出版社パイインターナショナル（原告）がデザイナー（A）とともに共同著作者になるかが争点となりました。原告は、書籍には、著作権者を表す通常の方法である©表示を用いて「Copyright © 2015 「A」/ PIE International」という著作権表示がされているため、著作権法14条により、原告とAが書籍の共同著作者として推定されると主張しました。しかし、裁判所は仮にこの著作権表示をもって原告を共同著作者とする推定が働くとしても、この推定は覆ると判断して、Aのみが著作者だと認定しています。

●②事実上の告知、警告機能

著作権表示は、著作権が存続していますよ、と告知することにもなります。それによって「その著作物を無断で使用することは著作権侵害になる」という警告として機能します。

誤った著作権表示をしてしまったら？

それでは、もし誤った著作権表示をしてしまったら、何か責任が発生するでしょうか。具体的な裁判例をあげて紹介しましょう。

●著作権表示の裁判例（ピーターラビット事件）

ベアトリクス・ポターが創作した絵本「ピーターラビットのおはなし」の絵柄を使用したバスタオルなどの販売を企画したファミリア（原告）が、日本におけるピーターラビットのライセンスの管理業務を行う被告が著作権の保護期間が満了した後も©表示をライセンシーに使用させていたことで裁判を起こしたというピーターラビット事件が有名です 01 02 。複雑な事件なのですが、裁判所が©表示について詳しく判示している珍しい判決なので、©表示部分に関して紹介します。

Memo
厳密にいうと、「著作権者」（著作権を持っている人）と「著作者」（著作物を創作した人）は違うこともありえますが、実際には同じことも多いため、この推定が認められることがあります。

第14条（著作者の推定）
　著作物の原作品に、又は著作物の公衆への提供若しくは提示の際に、その氏名若しくは名称（以下「実名」という。）又はその雅号、筆名、略称その他実名に代えて用いられるもの（以下「変名」という。）として周知のものが著作者名として通常の方法により表示されている者は、その著作物の著作者と推定する。

Memo
東京地判令和3・5・27〔令和2（ワ）7469〕〔100枚レターブック事件〕

Memo
・大阪高判平成19・10・2判タ1258・310〔ピーターラビット事件控訴審〕
・大阪地判平成19・1・30判時1984・86〔ピーターラビット事件第一審〕

08　コピーライト表示がもつ効力は？

裁判所は、©表示が持つ事実上の告知、警告機能について、「〈C〉表示は、その現実的な機能として、著作者及び最初の発行年の記載と相まって、いまだ当該著作物について、当該著作者を著作権者とする著作権が存続している旨を積極的に表明するとの側面をも有するものであり、その著作物を無断で使用する場合には著作権侵害になることを需要者又は取引者に対し警告するという機能を有することを否定することはできない」と判示しています。

　この事件で、原告は、「被告が著作権の保護期間が満了しているのに存続しているような表示をするのは、不正競争防止法の品質誤認表示にあたる」と主張しましたが、結論として裁判所は原告の主張、立証が足りないといって認めませんでした。

　ただし、理論上およそ成り立たないわけではなく、例えばタオルであれば消費者は、「タオルの素材となる繊維の種類、配合割合、肌触り、仕上がり具合等に加えて、タオルの種類、性格によっては絵柄が著作権の保護を受ける著作物であるかも選択基準になることもありうる」と裁判所は述べています。

　無用なトラブルを避けるためにも、誤った著作権表示を行わないように注意すべきです。

01 原告の企画したバスタオル

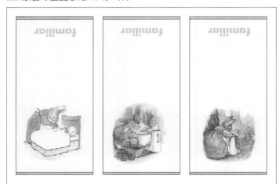

出典：ピーターラビット事件第一審別紙

02 被告の表示

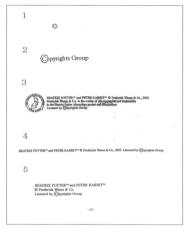

出典：ピーターラビット事件第一審別紙

実際には、
商標登録などの関係もあるので、
著作権の保護期間が切れていたとしても、
そのキャラクターを
誰もが自由に使えるとは
限りません。

まとめ

- ✓法律上、著作権表示（コピーライト表示）をしなければいけないわけではない。
- ✓著作物を公表する際に特に著作権表示をしていなくても、著作権を放棄したことにはならない。
- ✓表示をすれば、著作者として推定されることも期待でき、事実上の告知、警告機能もあるので、運用上は著作権表示をすることが望ましい。

SECTION 09 プライバシーポリシーや利用規約って必須ですか?

ウェブサイトのプライバシーポリシーや利用規約って必須ですか? もし必要なら、書式に決まりはありますか? それと、どこも同じような文面だからコピペしても大丈夫ですよね?

ウェブサイトで扱う内容によって必要・不要がある

ウェブサイトでよく目にする「プライバシーポリシー」や「利用規約」ですが、すべてのウェブサイトに必須とは限りません。ウェブサイトが扱う内容次第で、必要に応じて用意します。

●プライバシーポリシーとは?

「プライバシーポリシー」は、個人情報を扱うときに定めておくことが望ましいでしょう。

ウェブサイト内でユーザーから個人情報を受け取る場合、個人情報保護法により利用の目的をできる限り特定することが義務付けられています(個人情報保護法17条)。そして、個人情報を取得する際には利用目的をあらかじめ本人に明示または公表することが求められています(同21条)。

個人情報を取得してもあくまで利用目的の範囲内で取り扱うことができるだけなので(同18条1項)、利用目的をユーザーにわかりやすく明示しておくことは重要です。このような個人情報についての取り扱い指針をまとめたものが「プライバシーポリシー」と呼ばれます。

●利用規約とは?

利用規約は、ウェブサイトに「必須」なものではありません。しかし、ウェブサイトやサービスを提供する場合、様々なトラブルが起こる可能性があります。

そこで、事前に「こういう使い方はダメです」「これについては責任を負いません」「こんな問題があったらこうやって解決します」というルールと解決策を「利用規約」として取り決めておきます。

「利用規約」は、ウェブサイト運営者が作成して公表する

> **Memo**
> ECサイトの場合、「特定商取引法」により、事業者の名称、所在地、電話番号などの表示が義務付けられています。この情報をまとめたものが「特定商取引法に基づく表示」と呼ばれています。消費者庁の「特定商取引法ガイド」のページ(https://www.no-trouble.caa.go.jp/what/mailorder/)に各表示事項の解説や表示例が掲載されていますので、参考にしてください。

ものなので、運営がユーザーに対して設定するケースが多くなります。また、ユーザー同士がやり取りするサービスの場合は、ユーザー間のトラブルを避ける目的のルールや禁止事項を設けることもあります。

プライバシーポリシーや利用規約は専門家が作るもの？

　プライバシーポリシーや利用規約は、専門的な内容となるので「専門家が作成しなければいけない」と考えている方も多いようですが、必ずしも専門家につくってもらわないといけないものではありません。ただ、様々なトラブルに対応する適切な利用規約を設定するためには、専門家の知識が必要となることもあります。その場合、弁護士に依頼し、法律とインターネット特有の事情を加味してつくるのが最善です。

　プライバシーポリシーや利用規約のテンプレートを配布するウェブサイトもあります。ウェブサイトやサービスの規模や内容によってはそれでも十分なこともありますが、予想されるトラブルはそれぞれの事情で大きく変わります。テンプレートの内容をよく読み、ウェブサイトやサービスの規模、内容に適切かどうか判断して使用しましょう。

●作成する際は著作権に注意

　プライバシーポリシーや利用規約にも著作権はあります。類似サービスの文面を参考にするのは大丈夫ですが、全体を丸ごとコピーしないよう気をつけましょう。

　規約に関しては、過去に著作権が認められた裁判例があります。

●規約の著作権に関する裁判例（修理規約事件）

　修理規約事件では、「修理規約について規約としての性質上、ある程度一般化、定型化されたものでその表現方法は通常の規約であればありふれた表現として著作物性は否定される場合が多いと考えられる」としながらも、「規約の表現に全体として作成者の個性が表れているような特別な場合には著作物になることもある」として、この事案では裁判所は時計の修理規約に著作物性を認めています。

Memo

東京地判平成26・7・30（平成25（ワ）28434）〔修理規約事件〕は、時計修理サービス業を営む原告が、同様のサービスを提供する被告に対して「ウェブサイトに掲載した文言は、原告の修理規約などの文言等を複製又は翻案したものであり、著作権を侵害した」として訴えた裁判。

プライバシーポリシーや利用規約に決まった形式はない

　プライバシーポリシーや利用規約といえば、「長くて堅い文章」というイメージが一般的でしょう。ですが、実はプライバシーポリシーや利用規約に決まった形式はありません。最近では図や色を用いた、デザイン性のある「わかりやすい利用規約」も増えてきました。しかし、これまでの堅い文章は「誤解を生む隙を作らない」ためのものです。わかりやすさを優先し過ぎてユーザーの誤解を生まないよう注意しましょう。

　なお、 01 ～ 03 に「わかりやすく工夫した」プライバシーポリシーや利用規約の例を紹介するので、参考にしてください。

01 イラスト素材サイト「ぴよたそ」利用規約

🏠 ホーム ・ ご利用規約

・ૢ・ ご利用規約

ぴよたその素材をご利用頂く前に、利用規約をご一読ください～。

素材のダウンロードをもって利用規約に同意したものとみなします（規約同意ボタン等はございません）。

個人利用の方: 基本的に何してもOK！
Twitter（X）やLINE、Instagram、YouTubeなどのアイコン、スマホの壁紙、ブログやホームページのアクセント、子供のお絵描き遊び、などなど..
クレジット表記不要で何に利用してもOK、ご利用点数も何点でもOK、全て無料です！ご自由にお使いください！（公序良俗に反しない範囲でお願いします）

商用利用の方: どこにでも、何点でもご利用可能！
商用利用や素材を加工しての利用はOK！
クレジットの記載も不要で、何点ご利用頂いても大丈夫です。
広告やポップ、プレゼン資料でたびたびご利用頂けてます。

⚠　但し、ぴよたそのイラストを利用した商品を販売する際はクレジット表記をお願いしています。

https://hiyokoyarou.com/about/

Memo

「ぴよたそ」
https://hiyokoyarou.com/

02 イラスト素材サイト「イラストポップ」プライバシーポリシー

イラストポップのプライバシーポリシー

パソコンの普及と高性能化して、誰でも簡単に印刷物を作成することができるようになりました。この印刷物にイラストがあるとないのとでは、注目度や印象が随分違います。そこで、イラストポップは、できるだけ多くの方々に気軽にイラストを利用していただき、注目度のアップする印刷物を作成していただきたいとの考えからイラスト・クリップアート素材の無料提供を行っています。当サイトの素材は、商用利用可能で使用料、著作権などが必要ない完全無料です。

当サイトではダウンロードやクリックでお金がかかることはありません。安心してご利用ください。当サイトサイト https://illpop.com/ で始まるアドレス内は どこをクリックしても安心です。(広告リンク先や相互リンク先には有料のコンテンツを提供されているサイトがありますが、イラストポップからの1クリックで料金の発生するようなことは絶対にありません。)

また、当サイトをさらに安心してご利用いただけるように、下記のようにお約束させていただいております。

【プライバシーポリシー】

お約束1-集めない
当サイトでは、収集する個人情報を必要最小限にとどめております。ご心配な方は、ほとんど個人情報を出さずにお問い合わせやご連絡が可能です。

お約束2-使わない
収集した個人情報は当サイトの運営管理以外の目的に使用しないことをお約束いたします。

お約束3-持ち出さない
収集した個人情報は厳重に管理し、サイト管理者以外の目にふれることがないようにします。提携サイトであっても個人情報を知らせることはありません。

お約束4-勧誘しない
当サイトからお送りするメールは、必要最小限にとどめております。当サイトで知りえた情報を使って、勧誘を行うことはありません。

【広告のプライバシー ポリシー】

https://illpop.com/p_site01.htm

Memo
「イラストポップ」
https://illpop.com/

03 素材サイト「ぱくたそ」利用規約について

利用規約について

ぱくたその写真素材とAI画像素材(以下、フリー素材)を利用する場合は、以下の事項に同意していただく必要があります。同意していただけない場合は利用できませんのでご注意ください。

「よくある質問」を確認の上、不明な点や質問がありましたら、「お問い合せフォーム」でご連絡ください。素材の利用方法について、必ず返答が欲しい方、すぐに回答が欲しい方、利用規約を読んでも理解できない方は、有償でのお問い合わせも承っています。

【参考: 適切な利用方法か不安なので成果物を確認してほしい】
【参考: 利用可能であれば承諾書を発行してほしい、または契約を結びたい】

目次

- 利用条件
- AI画像素材について
- 被写体の権利について
- 人物のフリー素材について
- 二次配布について
- クレジット表記について
- 禁止事項
- 利用規約の変更
- プライバシーポリシー

https://www.pakutaso.com/userpolicy.html

Memo
「ぱくたそ」
https://www.pakutaso.com/

まとめ

- ❤個人情報を扱う場合、プライバシーポリシーを作ることが望ましい。
- ❤プライバシーポリシーや利用規約にも著作権があるので全体をそのままコピーすることは避ける。
- ❤プライバシーポリシーや利用規約には形式に決まりはない。

COLUMN　NFT（Non Fungible Token、非代替性トークン）の活用

　NFTが広く知られるようになったことは、クリエイターにとって大きな変化のひとつといえるでしょう。

　NFTは、ブロックチェーン上での取引に用いられるユニークな（代替性のない）トークンのことで、デジタルデータに唯一性を付与することができます。

　世間の注目が集まったきっかけは、2021年2月25日から3月11日にわたり行われたクリスティーズ・ニューヨークのオンラインオークションでBeepleのNFTデジタルアート作品「Everydays: The First 5000 Days」が約75億円（6,934万6,250ドル）で落札されたことです。

　現在も日々様々な業界でNFTを活用したプロジェクトが実施されています。2022年から年1回行われているアートフェスティバル「ムーンアートナイト下北沢」では、リアル空間でのアート作品の展示とともに、スタートバーン株式会社の提供するウェブアプリ「FUN FAN NFT」を使い、展示作品に関連するNFTデジタルアートをゲットすることができます 01 。

　OpenSeaなどのNFTマーケットプレイスでクリエイターが自分のコンテンツを出品する場合はシンプルです。一方、クリエイターが複数人の関与するプロジェクトにコンテンツを提供する場合には、契約条件の詳細を定めておくことが望ましいです。

　どのブロックチェーンを採用するのか（Ethereum、Tezosなど）、二次流通の場合のロイヤルティを設定するか、パーセンテージをどうするか、関係者間の分配をどのように行うか、ユーザーによるコンテンツの利用条件を定めるかなど様々な検討事項があります。

　また、新しい規格が採用されるなど業界の動きも早いため、情報のアップデートも必要です。2023年10月に発表されたファッションブランド「メゾンマルジェラ」のNFTを活用したプロジェクトでは、譲渡ができない規格であるソウルバウンドトークン（Soul-Bound Token、SBT）が採用されています 02 。

01 アマンダ・パーラー 「Intrude」 2023ムーンアートナイト下北沢 2023　筆者（木村）保有

02 Maison Margiela Numbers 「Number 4」筆者（木村）保有

CHAPTER

6

トラブル発生時の対処

著作権を侵害されたり、著作権を侵害してしまったりした場合、どのような対応をすべきかについて解説します。なお、著作権は非常に複雑で難解です。迷ったときは、自分で判断せず、専門家の助言を仰ぐようにしましょう。

木村 剛大（きむら こうだい）
小林・弓削田法律事務所パートナー／弁護士

北村 崇（きたむら たかし）
株式会社FOLIO ／フリーランスデザイナー／
Adobe Community Evangelist

染谷 昌利（そめや まさとし）
株式会社MASH 代表取締役

SECTION 01 ギャラの支払い遅延や未払いを防ぐために！

依頼を受けてデザインデータを納品したけど、クライアントから「完了」の報告も、入金についての話もありません。お金をちゃんと支払ってもらうためには、何を、どう確認すべきですか？

着手の前にできるだけ記録に残る方法で重要な項目を確認する

物理的な形を持たないデザインやウェブサイトなどは、簡単に修正できると考えるクライアントも多く、何度となく修正が発生してしまい終わりが見えなくなることがあります。また、納品して支払いが終わった後でも、追加の修正を求められることも少なくありません。トラブルを避けるためにも、作業を始める前にできれば契約書を結んでおくのが望ましいです。

そもそも取引条件が悪い案件であれば受けないのもクリエイターの大切な選択肢です。そのためにも、作業着手前のなるべく早い段階で取引条件を確認することは重要なステップとなります。

契約書では、ややハードルが高く思えるのであれば、作業をする前に提出する見積書に記載する方法なら、比較的やりやすいのではないでしょうか。その際、最低限、以下の重要な項目を確認しましょう。

①作業範囲と納品完了の目安となる基準
②報酬金額、支払期日と支払方法
③成果物の権利の帰属（「譲渡」なのか「利用許諾」なのか。利用許諾のときは利用の範囲）
④その他クリエイターが重視する項目（案件実績としての公開の可否、著作者人格権の不行使の合意の有無など）

●発注の意思の確認

作業に着手する前には、必ず相手側に「発注の意思」を確認しましょう。「スケジュールが厳しそう」などの理由で見切りスタートしてしまうのは典型的な紛争パターンです。

Memo

成果物の権利の帰属については、P124も参照してください。

Memo

民法上、電話や口頭での約束も契約として成立します。ただ、裁判にまで発展した場合、証拠がないと「口約束の内容」を証明することが難しくなります。交渉する際も書面でのやりとりが残っていたほうがお互いに納得を得やすいです。メールやLINEなどの履歴も証拠になるので、「これでお願いします」など相手側の許可、OKが出たようなやりとりは、最後まで消さずに残しておきましょう。

意思の確認として望ましいのは契約書を交わしたり、発注書を発行してもらったりなど、「相手側から書面で提出してもらう」ことです。後述のように下請法が適用されるケースでは、業務を委託する親事業者には取引条件を明示した書面を交付する義務があります。また、フリーランス保護新法でも契約条件を明示した書面の交付が義務となっています（P167）。そのため、書面が出てこないときは要求するようにしましょう。

クリエイターからも見積書を提出し、メールやメッセンジャーなどにより、それに対するクライアントからの回答を記録としてしっかり残る方法で確認しておくことも望ましい対応です。

● 作業範囲と納品完了の目安となる基準を確認

作業範囲はしっかりと明記しておきましょう。ロゴのデザインを請け負った場合、最低限、何パターン提案するのかも明示できると望ましいです。また、記載のテクニックとして、作業範囲に含まない項目について「トップページの素材データの手配は含まない。」などのように記載しておく方法も作業範囲を明確にするためには有効です。データ送信やアップロードなどで納品する場合、どのような状態を「納品完了」とするか、事前に明確にしておきましょう。例えば、デザインデータであれば、「ai形式でのデザインカンプ送信をもって納品」など、見積書の備考に明記しておくとよいでしょう。

なお、成果物の元データを引き渡す義務があるか争いになることもあります。何も記載がなければ通常は最終データ（写真であればレタッチ後のデータなど）のみだと思いますが、元データや中間成果物（例えば、最終成果物の模型など）の引き渡しも含む場合にはその旨記載しておくと望ましいです。

● 報酬金額、支払期日と支払方法の確認

納品後に請求をしてみたところ「翌月末締め翌々月末払い」など、実際の支払いを数ヶ月先に指定されることがあるかもしれません。

報酬金額はもちろん、支払方法や支払期日についても、発注書で明確にしてもらうことが重要です。

クライアントにギャラの確認をすることは、非常に気を

Memo
下請法3条。「3条書面」と呼ばれます。

Memo
納品完了後に発生した修正は、明らかな納品側のミスでない限り、合意した作業範囲外ですので追加料金が発生します。この点についても見積書などに明記しておくべきでしょう。

Memo
納品日とは、検査などが終了した時点ではなく、納品物が発注者の手に渡った時点を指します。また、発注者が支払期日までに代金を支払わなかった場合、支払期日の翌日から実際に支払が行われる日までの期間、その日数に応じ受注者に対して遅延利息を支払う義務があります。

Memo
東京地判令和3・1・28（平成30（ワ）38078、令和元（ワ）21434）〔モモクマ事件〕

Memo
実際には「終わっている」と認識していてもギャラを払わない悪質なクライアントも世の中にはいます。そのような場合は弁護士に依頼して内容証明で支払いの催促をすることで支払われることもあります。また、60万円以下の請求に対応する少額訴訟という比較的簡易な裁判手続もあります。（P184参照）

使う行為であり、できればやりたくないと思う方も多いことでしょう。ですが、そもそもお金を支払わない相手をクライアントとは呼びません。場合によっては、縁を切っても構わないくらいの強い気持ちで臨みましょう。

納品後のトラブルの際は下請法も交渉材料に！

　ケース次第で、デザインの制作委託には下請法が適用されます。下請法が適用される場合、発注者である親事業者は、注文書の交付義務、下請代金の支払期日を定める義務などが課せられています（下請法3条、5条、2条の2）。また、下請代金の減額の禁止、不当な変更、やり直しの禁止など禁止行為も定められています（下請法4条1項、2項各号）。

　下請法が適用されるかは、次ページ以降にある①発注する親事業者と受注する下請事業者の資本金区分、②下請法の定める取引の類型（主に「情報成果物作成委託」）にあたるか、によって判断されます。

● ①情報成果物作成委託の資本金区分

　まず、下請法が適用されるかを判断するには、クライアントの資本金の金額を確認しましょう。

　下請法における親業者（クライアント）と下請事業者（クリエイター）の定義は 01 のようになります。一般的なクリエイターでは「情報成果物作成委託（プログラムの作成を除く）にあてはまると思われるので、こちらについて解説します。

　クライアントの資本金が5,000万円超であれば、それ以下の会社、個人事業主は「下請事業者」にあたります（下請法2条7項3号、8項3号）。他方、クライアントの資本金が1,000万円超で5,000万円以下のときには、クリエイターの資本金が1,000万円以下または個人事業主であれば、この資本金区分の条件はクリアします（下請法2条7項4号、8項4号）。

Memo

「情報成果物」とは、①プログラム、②映画、放送番組その他映像または音声その他の音響により構成されるもの、③文字、図形、記号もしくはこれらの結合またはこれらと色彩との結合により構成されるものをいいます（下請法2条6項）。

「プログラムの作成」とは、電子計算機を機能させて、一の結果を得ることができるようにこれに対応する指令を組み合わせたものを作成することで、ここではソフトウェア等の作成をいいます。

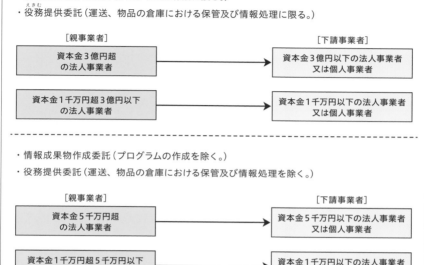

・物品の製造委託・修理委託

・情報成果物作成委託（プログラムの作成に限る。）

・役務提供委託（運送、物品の倉庫における保管及び情報処理に限る。）

[親事業者]　　　　　　　　　　　　　　　　　　[下請事業者]

| 資本金3億円超
の法人事業者 | → | 資本金3億円以下の法人事業者
又は個人事業者 |

| 資本金1千万円超3億円以下
の法人事業者 | → | 資本金1千万円以下の法人事業者
又は個人事業者 |

・情報成果物作成委託（プログラムの作成を除く。）

・役務提供委託（運送、物品の倉庫における保管及び情報処理を除く。）

[親事業者]　　　　　　　　　　　　　　　　　　[下請事業者]

| 資本金5千万円超
の法人事業者 | → | 資本金5千万円以下の法人事業者
又は個人事業者 |

| 資本金1千万円超5千万円以下
の法人事業者 | → | 資本金1千万円以下の法人事業者
又は個人事業者 |

公正取引委員会・中小企業庁「下請取引適正化推進講習会テキスト」（令和5年11月）4頁を参照して作成

●②情報成果物作成委託の3類型

　下請法の対象になる「情報成果物作成委託」（下請法2条3項）は3つの類型に分けられます。

> 1. 親事業者が事業としてエンドユーザーに提供するための情報成果物の作成を下請事業者に委託する類型
> 2. 親事業者が事業として請け負った情報成果物の作成を下請事業者に再委託する類型
> 3. 親事業者が自社で使用するための情報成果物の作成、その情報成果物の作成を下請事業者に委託する類型

　具体例としては、飲料メーカーが商品パッケージのデザインをデザイン事務所に委託する場合（類型1）、そのデザイン事務所がさらに他の個人事業主のデザイナーに作成委託する場合（類型2）、自社でデザイン業務を行う広告制作会社が、社内公募のため自社で使用するポスターのデザイ

ンの作成をデザイン事務所に委託する場合（類型3）があげられます 02 。

02 情報成果物作成委託の3類型

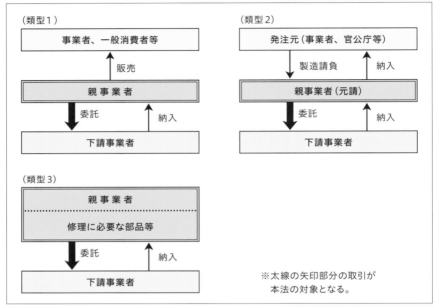

（類型1）

| 事業者、一般消費者等 |
↑ 販売
| 親 事 業 者 |
委託 ↓   ↑ 納入
| 下請事業者 |

（類型2）

| 発注元（事業者、官公庁等） |
↓ 製造請負   ↑ 納入
| 親事業者（元請） |
委託 ↓   ↑ 納入
| 下請事業者 |

（類型3）

| 親 事 業 者 |
| 修理に必要な部品等 |
委託 ↓   ↑ 納入
| 下請事業者 |

※太線の矢印部分の取引が
本法の対象となる。

公正取引委員会・中小企業庁「下請取引適正化推進講習会テキスト」（令和5年11月）12頁を参照して作成

下請法が適用される場合

　下請法が適用される場合には、「下請法では下請事業者の給付を親事業者が受領した日から60日以内に下請代金を支払わないことは禁止されている」と説明し（下請法4条1項2号）、交渉するのも手です。弁護士から通知書を送ることで支払われるケースもありますので、弁護士に相談するのもよいでしょう。なお、下請法による禁止行為一覧を 03 にまとめましたので参考にしてください。

　公正取引委員会には「下請法に関する通報・相談窓口」が設置されています 04 。交渉に応じてくれない場合などは、こちらに連絡するのも手段の一つです。

Memo

インボイス制度の実施を契機として免税事業者との取引条件を見直すことに関する独占禁止法、下請法上の考え方については、公正取引委員会「免税事業者及びその取引先のインボイス制度への対応に関するQ&A」で公表されています。
https://www.jftc.go.jp/dk/guideline/unyoukijun/invoice_qanda.html

03 下請法による禁止行為一覧

禁止行為	概要
受領拒否の禁止	注文した物品等または情報成果物の受領を拒むこと。
下請代金の支払遅延の禁止	物品等または情報成果物を受領した日（役務提供委託の場合は、下請事業者が役務を提供した日）から起算して60日以内に定められた支払期日までに下請代金を支払わないこと。
下請代金の減額の禁止	あらかじめ定めた下請代金を減額すること。
返品の禁止	受け取った物を返品すること。
買いたたきの禁止	類似品等の価格または市価に比べて著しく低い下請代金を不当に定めること。
購入・利用強制の禁止	親事業者が指定する物・役務を強制的に購入・利用させること。
報復措置の禁止	下請事業者が親事業者の不公正な行為を公正取引委員会または中小企業庁に知らせたことを理由としてその下請事業者に対して、取引数量の削減・取引停止等の不利益な取扱いをすること。
有償支給原材料等の対価の早期決済の禁止	有償で支給した原材料等の対価を、当該原材料等を用いた給付に係る下請代金の支払期日より早い時期に相殺したり支払わせたりすること。
割引困難な手形の交付の禁止	一般の金融機関で割引を受けることが困難であると認められる手形を交付すること。
不当な経済上の利益の提供要請の禁止	下請事業者から金銭、労務の提供等をさせること。
不当な給付内容の変更および不当なやり直しの禁止	費用を負担せずに注文内容を変更し、または受領後にやり直しをさせること。

出典：公正取引委員会・中小企業庁「下請取引適正化推進講習会テキスト」（令和5年11月）39頁

04 公正取引委員会「下請法に関する通報・相談窓口」

https://www.jftc.go.jp/soudan/madoguchi/kouekitsuhou/
sitaukemadoguchi.html

まとめ

❤最低限、作業範囲、納品完了の目安、報酬金額、成果物、権利の帰属などの取引条件を早期に確認しよう。これらを見積書に記載しておくことも有効。

❤弁護士から通知書を送付することで支払いがされるケースも多い。

❤トラブルになった際は下請法も交渉材料になるので覚えておこう。

SECTION 02 突然契約解除の通知が来たら何も言えないの？

依頼を受けて継続してデザイン制作をしていたのですが、クライアントから突然契約解除の通知が来ました。確かに契約書にはクライアントはいつでも任意に契約を解除できるという規定があります。クリエイターは何も反論できないでしょうか？

フリーランス保護新法を知っておこう

　2023年5月12日にいわゆるフリーランス保護新法が公布され、2024年11月頃までに施行されることになっています。フリーランスの保護を図る新たな法律で、クライアントとの交渉材料になる事項が含まれていますので、概要を知っておきましょう。

> **Memo**
> 特定受託事業者に係る取引の適正化等に関する法律（フリーランス保護新法）。同法附則1条

対象になるフリーランスとは？

●従業員を使用していない個人事業主や会社

　業種の限定はなく、広く従業員を使用していないフリーランス（特定受託事業者）が対象になります。「特定受託事業者」とは、①業務委託の相手方である個人であって、従業員を使用しないもの、又は②法人であって、代表者以外に役員がおらず、従業員を使用しないものと定義されています。フリーランスが従業員を使用しているかが適用の有無を分けるポイントです。

> **Memo**
> フリーランス保護新法2条1項

　「従業員」には、短時間、短期間等の一時的に雇用される者は含みません。具体的には、「週所定労働20時間以上かつ31日以上の雇用が見込まれる者」が「従業員」に当たります。

> **Memo**
> 特定受託事業者に係る取引の適正化等に関する法律（フリーランス・事業者間取引適正化等法）Q&A問2
> https://www.mhlw.go.jp/content/001115387.pdf

●業務委託とは？

　業務委託の範囲は広く規定されています 01 。具体的には、次のいずれかに当たれば業務委託となります。

> **Memo**
> フリーランス保護新法2条3項

　①事業者がその事業のために他の事業者に物品の製造（加工を含む。）又は情報成果物の作成を委託すること。
　②事業者がその事業のために他の事業者に役務の提供を

委託すること（他の事業者をして自らに役務の提供をさせ
ることを含む。）。

01 フリーランス保護新法の適用対象

フリーランス間の業務委託にも契約条件の書面交付は必要！

　従業員を使用している会社や個人事業主（特定業務委託
事業者）がフリーランスに業務委託する場合、契約条件を
明示した書面（Eメールなど電磁的方法でも可能）の交付が
義務となっています。
　さらに、この契約条件の書面交付は、従業員を使用して
いないフリーランス（業務委託事業者）が他のフリーランス
（特定受託事業者）に対し業務委託をする場合も必要になり
ますので、注意が必要です 02 。

Memo

フリーランス保護新法3条

02 書面による取引条件の明示

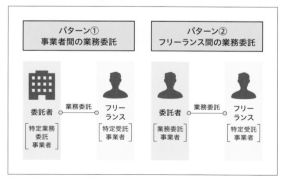

組織対個人の関係だけでなく、フリーランス間でも取引条件が明示されることはトラブル防止につながると考えられているためです。次の事項について書面で明示しなければいけません。

①給付の内容
②報酬の額
③支払期日
④その他の事項

Memo
詳細は公正取引委員会規則で定められます。

Memo
フリーランス保護新法4条1項。報酬の支払期日の定めがないと、委託者がフリーランスからの給付を受領した日又はサービスの提供を受けた日から起算して60日を経過する日が支払期日になります（4条2項）。

なお、フリーランスへの報酬支払いは、フリーランスが成果物を納品した日又はサービスの提供をした日から60日以内を支払期日として設定する必要があります。

委託者からの解除が制限される場面も！

一定期間（政令で定められます。）を超える継続的な業務委託を行う場合、委託者（特定業務委託事業者）が業務委託契約を解除したり、更新拒絶したりするためには、原則として30日前までの解除予告をしなければいけません。

例外として予告が不要とされる場面の具体例は、次の3つがあげられています。

Memo
フリーランス保護新法16条1項

Memo
特定受託事業者に係る取引の適正化等に関する法律（フリーランス・事業者間取引適正化等法）Q&A 問9

①天災等により、業務委託の実施が困難になったため契約を解除する場合
②発注事業者の上流の発注者によるプロジェクトの突然のキャンセルにより、フリーランスとの契約を解除せざるを得ない場合
③解除をすることについてフリーランスの責めに帰すべき事由がある場合（フリーランスに契約不履行や不適切な行為があり業務委託を継続できない場合等）

また、フリーランスから解除の理由の開示を求められた場合、委託者は理由を開示しなければいけません。

継続的業務委託の場合に、30日前までの予告なく解除の通知があったときには、フリーランス保護新法違反になることがありますので、交渉材料として覚えておきましょう。

Memo
フリーランス保護新法16条2項

フリーランス保護新法で禁止される行為

　一定期間（政令で定められます。）を超える継続的業務委託の場合、次の7つの行為が禁止されます。フリーランス保護新法による7つの禁止行為は、下請法の禁止行為とほぼ同じ内容となっています。一覧を 03 にまとめましたので参考にしてください。

Memo
フリーランス保護新法5条

03 フリーランス保護新法の禁止行為

禁止行為	概要
受領拒否	特定受託事業者の責めに帰すべき事由なく受領を拒むこと。
報酬の減額	特定受託事業者の責めに帰すべき事由なく報酬を減額すること。
返品	特定受託事業者の責めに帰すべき事由なく返品を行うこと。
買いたたき	通常支払われる対価に比べて著しく低い報酬の額を不当に定めること。
購入・利用強制	正当な理由なく自己の指定する物の購入・役務の利用を強制すること。
不当な経済上の利益の提供要請	自己のために金銭、労務その他の経済上の利益を提供させること。
不当な給付内容の変更、やり直し	特定受託事業者の責めに帰すべき事由なく内容を変更させ、又はやり直させること。

相談窓口と違反に対する措置

　フリーランス・トラブル110番という相談窓口が設けられており、弁護士に無料で相談することができます。また、フリーランス保護新法に違反する行為があった場合、公正取引委員会、中小企業庁、厚生労働省への申告が可能です。違反に対する措置には措置命令の公表も含まれます。そのため、フリーランスに業務委託する委託者としても、会社の対外的な信用に傷をつけないよう注意しておく必要があります。

Memo
フリーランス・トラブル110番
https://freelance110.jp/

Memo
フリーランス保護新法9条2項、19条2項

まとめ

- ●フリーランス保護新法は、広く従業員を使用していない個人事業主や会社に適用される。
- ●継続的業務委託の場合、30日前の解除予告が必要になったり、下請法と類似の行為が禁止されたりする。
- ●フリーランス・トラブル110番という相談窓口が設置されており弁護士に無料で相談できるので、トラブルの際に活用しよう！

著作権侵害を発見した場合はどうすべき?

Q インターネット検索していたらどこかで見覚えのある文章やイラストが。あれ、これ私のとまるっきり一緒じゃない! こんな時、どうしたらいいのでしょう?

権利を侵害された時に行う5つのステップ

　実際に、自分のコンテンツが不正利用されたことを発見した際の対処手順を簡単に掲載します。

①画面キャプチャ等で証拠を確保
②(問い合わせフォームがある場合)サイト運営者に著作権侵害の問い合わせ
③Google、X(旧 Twitter)、Instagram などのサービス提供会社やブログサービス会社、レンタルサーバー会社に対し削除の申し立て
④弁護士などの専門家に相談する
⑤損害賠償請求(民事訴訟)

●まず証拠を確保しよう!

　コピーコンテンツなどを発見したら、まず証拠を押さえておきましょう。後日、どのような手続をするにしても不正利用の証拠は必要になります。画面キャプチャ、日付など、公開されている情報はすべて保存しておきましょう。特に日付は重要ですので、保存する情報に含まれているか必ず確認してください。

●無断利用をしている運営者への問い合わせ

　コンテンツの無断利用をしている運営者全員が、著作権侵害だと知りつつ盗用しているとは限りません。無断利用している運営者は著作権に対する知識の乏しさにより、自分で気付かずに権利の侵害をしていることも多いのです。そのような運営者に対して、いきなり喧嘩腰で非難をしても、お互いよい関係性にはなりません。企業のウェブサイトや、ある程度しっかりしたブログであれば問い合わせ

Memo

もし自分以外の誰か(例えば自分がファンのイラストレーターなど)の作品が不正使用されているのを発見したら、不正使用されている著作権者に連絡するとよいでしょう。著作権侵害については権利行使するのか決めるのは著作権者本人です。著作権者でない人が無断使用している人に抗議した結果、不正使用の大事な証拠が取り下げられてしまうことも考えられますので、好ましくありません。
ファンの心情としては不正使用に文句をいいたくもなるものです。ただ、それが必ずしも著作権者の利益になるとは限りません(P210参照)。

フォームや、連絡先メールアドレスが掲載されているので、まずはそこから問い合わせてみましょう。問い合わせ内容には、以下のような文章を記載すればよいでしょう。

> ○○様
> はじめまして。□□□というウェブサイト／ブログ（URL）を運営しております、◎◎と申します。○○様の運営されている△△△というウェブサイト／ブログ（URL）について、確認したい箇所があり、ご連絡させていただきました。○○様の運営するウェブサイトの内容が、私の運営するブログの内容に酷似しております。
> （自分のウェブサイト）のURLまたは画面キャプチャ
> （無断転載のウェブサイト）のURLまたは画面キャプチャ
> なお、記事の公開日時を拝見する限り、私の記事の公開日の方が、○○様の記事よりも早いと思われます。もし、無断転載されているようであれば、早急に当該記述を削除いただきたく存じます。また、弊ブログの記事使用料は以下のようになっておりますので、ご確認ください。
> 「利用規約のURL」
> ではご返信お待ちしております。

運営者本人への問い合わせで解決するのであれば、あえて損害賠償請求などの大きな問題にしなくてもよいでしょう。今後、同様の行為がないように注意をお願いしておけば、おそらく同じトラブルは発生しないはずです。もし再発するようであればP170の③、④、⑤の段階に移行します。なお、この段階の詳細については以降のCHAPTER（6-04〜6-06）を参考にしてください。

Memo

サイト運営者本人がわからない場合、ブログサービス会社やレンタルサーバー会社にプロバイダ責任制限法に基づき発信者情報開示請求をするという手段があります。必要となる書類については「プロバイダ責任制限法関連情報Webサイト」に「発信者情報開示関係書式」として掲載されています。しかし、これらの会社は発信者本人に個人情報開示に応じるかの意見照会をし、発信者が同意しなければ発信者の情報を開示しないことが実務上は多いです。

その場合は仮処分という裁判上の開示請求手続をする必要があります。①このような仮処分手続により取得したIPアドレスから接続プロバイダを特定し、②その接続プロバイダに対して発信者の氏名や住所の開示請求を行うという2段階の手続になります。令和3年改正プロバイダ責任制限法により開示命令等の創設といった制度面の改善がされたものの、非常に複雑で難解な手続になります。そのため、裁判上の請求が必要な場合には（特にインターネットに詳しい）専門の弁護士に相談することをおすすめします。

Memo

X（旧Twitter）などでは、権利侵害をしている（と思われる）相手に対して、喧嘩腰で非難を繰り返している人がいます。それは、「何かトラブルが発生した場合、そのような対応をする人」だという証拠をネット上で公開しているも同然です。それが将来、自分にとってプラスになるかどうか、よく考えて行動すべきでしょう。

まとめ

●著作権侵害を発見したら、まずは証拠を押さえよう。
●他人が著作権侵害をされている場合は、本人に伝えよう。
●運営者に問い合わせて削除を依頼しよう。対応してくれなかった場合は、少額訴訟なども検討しよう。

SECTION 04 サービス提供会社などに著作権侵害の報告をするには

自分が作成し、公開していたコンテンツを、XやInstagramなどで知らないアカウントが不正に使用しているのを見つけました。どのような対応手段があるのでしょうか?

サービス提供会社への不正コンテンツ削除申立て

XやInstagramなどのサービス提供会社では、利用規約上、他の人の著作権を侵害するコンテンツを投稿することは禁止されています。そして、利用規約ではコンテンツを不正に利用されている場合、著作権者がプラットフォームに対して不正コンテンツの削除を申し立てる手続を設けていることが通常です 01。これらは、米国のデジタルミレニアム著作権法(DMCA)が定める「ノーティス・アンド・テイクダウン」と呼ばれる手続です。

01 X「知的財産権に関する問題のヘルプ」

知的財産権に関する問題のヘルプ

どのような問題がありますか？ 必須

https://help.twitter.com/ja/forms/ipi

例えば、「X著作権に関するポリシー」02 では、著作権侵害を報告する際、次の情報を提供する必要があります。

> 1. 著作権の所有者またはその代理資格を有する個人の手書きの署名または電子署名(フルネームの記載があれば結構です)
> 2. 侵害を受けたとする著作物を特定する情報(オリジナルの著作物へのリンクや、著作権の侵害を受けている疑いがあるコンテンツについての明確な説明など)
> 3. 著作権を侵害しているコンテンツを特定する情報、およびTwitterのウェブサイトまたはサービス上で

Memo

ノーティス・アンド・テイクダウンとは、権利侵害を主張する者からの通知により、プロバイダが、権利侵害情報か否かの実体的判断を経ずに、当該情報の削除等の措置を行うことにより、当該削除に係る責任を負わないこととするものである(総務省「ノーティスアンドテイクダウン手続について」より引用)。

Memo

Xの規約やポリシーに関する文面は、現時点(2023年11月)でTwitterの表記が残っているケースもあります。

当該コンテンツが掲載されている場所を示す具体的
な情報

4. 住所、電話番号およびメールアドレスを含む報告者
の連絡先情報

5. 著作権の所有者、その代理人、または法律によって
許可されていない使用法で当該著作物が使用された
と、報告者が偽りなく確信しているという記述

6. 報告の内容が正確であること、かつ偽証罪が適用さ
れる可能性を理解した上で、報告者が著作権の所有
者の代理人資格を有しているという記述

02 X「著作権に関するポリシー」

https://help.twitter.com/ja/rules-and-policies/copyright-policy

Instagramでも著作権侵害の報告ができるようにペー
ジ（「インスタグラム 著作権」）03 が設けられており、報告
に必要な情報について次のとおり記載されています。

・連絡先情報（氏名、住所、電話番号）
・あなたが所有する著作権を侵害していると思われる
コンテンツの詳細
・該当する素材を特定するために十分な情報。これに
は、当該のコンテンツに直接リンクするウェブアド
レス（URL）を提供していただくのが最も簡単な方
法です。

- 以下の内容の宣言：
  - 申し立てにおいて述べた方法で、著作権法で保護された上記のコンテンツを使用することが、著作権者、その代理人または法律によって許諾されていないと確信していること。
  - 記載されている情報が正確であること。
  - 偽りの場合には偽証罪に問われるという条件で、自分が侵害の申し立てを提出する独占的所有権の所有者、またはその正式な代理人であること。
  - 電子署名または物理的署名。

　プラットフォームへの不正コンテンツ削除申立てを行う際には、これらの手順を参考にしてください。

　なお、何ら調査もせず、法的根拠もなくプラットフォームに対し侵害告知を行い、相手方コンテンツが削除された場合には不法行為になることがありますので、注意しましょう。

Memo

大阪高判令和4・10・14（令和4（ネ）265・599）〔編み物ユーチューバー事件控訴審〕

03 Instagram「著作権」

https://www.facebook.com/help/instagram/126382350847838

ブログサービス運営会社、レンタルサーバー会社に問い合わせてみよう

　通報しようと思っても、ウェブサイトやブログに運営者連絡先が存在しない、または問い合わせしても反応がないこともあります。そのような場合には、次の手段としてブログサービス運営会社、レンタルサーバー会社に問い合わせをすることになります。その手法について、簡単に紹介しましょう。

●ブログサービス運営会社に連絡してみよう

ブログサービス運営会社には、それぞれ利用規約や問い合わせ方法を記載しているページがあります。利用規約には著作権侵害に関する項目もありますので、無断転載を見つけた場合は該当ブログを運営会社に報告して、コンテンツ削除の要請をしましょう。ブログサービス運営会社もオンラインで削除フォームを設けているところがあります。

●レンタルサーバー会社に問い合わせてみよう

ブログサービス会社ではなく、独自ドメイン（URL）＋レンタルサーバーでウェブサイトやブログを運営している場合は、まずどのレンタルサーバーを使っているのかを調べる必要があります。

ウェブサイト運営者が使っているレンタルサーバー会社は、SEOチェキというウェブサービスで、ウェブサイトのURLを入力すると調べることができます 04 。

表示されたページの下部にある、サーバー・ドメインのホストの箇所に表示されている名称が、利用しているレンタルサーバー会社です。各レンタルサーバー会社にも利用規約や問い合わせ窓口があるので、著作権侵害を行っているウェブサイトを通報することが可能です。

また、「プロバイダ責任制限法関連情報Webサイト」の「送信防止措置手続」には「著作権関係書式」として書式がPDFファイルで掲載されています 05 。こちらの書式に記載してレンタルサーバー会社に郵送する方法もあります。

Memo

「プロバイダ責任制限法関連情報
Webサイト」
http://www.isplaw.jp/

04 SEOチェキ

SEOチェキ（http://seocheki.net/）にて、私（染谷昌利）のブログサイトを検索した結果です。上記囲み「サーバードメイン」の項目にホスト名（XSERVER）が表示されています。

05 著作権関係書式

https://www.isplaw.jp/vc-files/isplaw/c_form.pdf

COLUMN プロバイダ責任制限法における送信防止措置

　プロバイダ責任法は、正式名称を「特定電気通信役務提供者の損害賠償責任の制限及び発信者情報の開示に関する法律」といい、インターネット上の著作権侵害や名誉毀損などの権利侵害が発生した際に、「プロバイダ」が負うべき責任を制限することなどを規定した法律です。

　例えば、とある書き込みに対して削除の依頼があった場合、プロバイダには「被害を与えた書き込みを削除する」責任と「書き込み（コンテンツ）を勝手に削除しない」責任があります。

　その場合、被害者（書き込まれた側）に対しては左枠①②にあてはまらなければ削除しなくても責任は問われません。一方、発信者（書き込んだ側）に対しては、右枠①②にあてはまれば削除しても責任は問われないことになります。

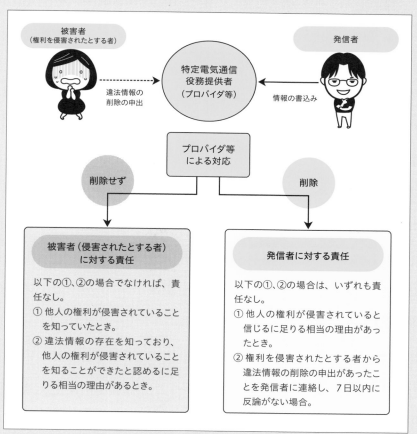

出典：「プロバイダ責任制限法関連情報Webサイト　法律の図解」
https://www.soumu.go.jp/main_content/000850215.pdf

04　サービス提供会社などに著作権侵害の報告をするには

177

● 検索結果に表示させないようGoogleに申請

検索エンジン大手のGoogleには著作権侵害の通報フォームがあり、不正サイトを申請して検索結果から削除してもらうことができます 06 。こちらのフォームに必要情報（自分の著作物に関する情報、著作権侵害である相手方のコンテンツを特定するための情報）を入力して著作権侵害をしているサイトの通報ができます。

Googleの審査があるのですべて申請のとおり削除されるとは限りません。また、あくまで検索結果表示から削除されるだけですので、侵害しているサイトのコンテンツが削除されるわけではありません。

Memo

清水陽平『サイト別ネット中傷・炎上対応マニュアル〔第4版〕』（弘文堂、2022）は、サイト毎に権利侵害の申立て手続を丁寧に解説していますので、参考にしてください。

06 Google「著作権侵害による削除」

「著作権侵害による削除」（申請フォーム）
https://www.google.com/webmasters/tools/dmca-notice?pli=1&hl=ja

---

COLUMN 著作権侵害を報告すると自分の個人情報が相手に伝わる可能性がある

Xの「著作権に関するポリシー」の「著作権侵害を申し立てる方法」には、以下のような一文があります。

> 規定の法的手続きを始めるには、まずDMCAに基づく申し立てを提出してください。Twitterがその申し立ての正確性、有効性、完全性をチェックし、これらの要件が満たされている場合、その請求に対応します。まず、著作権を侵害している疑いがあるコンテンツを投稿したユーザーに、通知に含まれるすべての情報（報告者の氏名、住所、電話番号、メールアドレスを含む）のコピーを送付します。

同様に、Instagramの「インスタグラム 著作権」にも以下のような一文があります。

> Instagramでは通常、報告者の名前、連絡先情報、報告の内容を報告対象となっている
> コンテンツを投稿した人物に提供します。正式な代理人が報告を送信した場合は、問題の
> 権利を所有する組織またはクライアントの名前を提供します。

これらの手続は、前述したDMCAのノーティス・アンド・テイクダウンによって発生します。つまり、米国に本社があるサービスで著作権侵害を報告すると、著作権を侵害しているかもしれない相手に、自分の個人情報が提供される可能性があることになります。

なお、Xの「著作権に関するポリシー」には「個人的な連絡先情報を相手に知られたくない場合は、代理人を介して報告することをおすすめします。」とも書かれています。もし自分の個人情報を提供したくないのなら、弁護士などに代理を依頼するようにしましょう。

> 訴えた人の情報を
> 訴えられた人に送るよ
> と書いてある

報告されたユーザーが受け取る情報

Twitterが著作権に関する問題で報告されたコンテンツの削除または表示制限を行う場合、報告されたユーザーは、報告者本人の氏名、メールアドレス、住所、およびその報告に含まれている他のすべての情報を含む、報告内容のコピーを受け取ります。

報告されたユーザーに自分の連絡先情報を知られたくない場合は、あなたの代わりにDMCA通知を提出する代理人を任命することをお勧めします。代理人は、有効な連絡先情報を含むDMCA通知を提出し、代理しているコンテンツの権利者があなたであると特定する必要があります。

出典：Xヘルプセンター 「著作権に関するポリシー」
https://help.twitter.com/ja/rules-and-policies/copyright-policy

まとめ
- ☑ Google、X、Instagramなどのプラットフォームに著作権侵害の報告をする方法がある。
- ☑ 報告に必要な情報は、自分の著作物に関する情報、著作権侵害である相手方のコンテンツを特定するための情報。
- ☑ 何ら調査もせず、法的根拠もなくプラットフォームに対し侵害告知を行い、相手方コンテンツが削除された場合には不法行為になることがあるので、注意。

専門家に相談してみよう

Q 著作権についてのトラブルに巻き込まれています。とても自分では対応しきれないので、プロの方に相談したいのですが、誰に、どうやって相談すればいいのでしょうか?

著作権の専門家とは

著作権問題の専門家といえば、法律が関わるので、当然ですが弁護士になります。ただ、どんな弁護士に、どうやって相談すればよいのかをわかる人は、あまりいないでしょう。

信頼できる弁護士を探すためにはいくつかの方法があります。今回はおすすめの3つの方法をご紹介します。

● ①弁護士知財ネットで相談依頼

弁護士知財ネット 01 は、日本弁護士連合会の支援の下で生まれた1,000名以上の会員を有する全国規模の知財弁護士のネットワークです。ウェブサイトから相談依頼を送ることができ、適任と思われる担当弁護士が紹介されます。初回の法律相談は1時間1万円と決まっているので安心して相談ができます。

01 弁護士知財ネット

https://iplaw-net.com/

Memo

・紛争性のある具体的案件の相談はできませんが、一般的な著作権に関する相談は、公益社団法人著作権情報センター（CRIC）でも「著作権テレホンガイド」として無料で電話相談を受け付けています。

・また、CHAPTER 6（P169）で紹介した「フリーランス・トラブル110番」も無料で弁護士に相談できる窓口ですので、活用しましょう。

・2023年10月に東京都と公益財団法人東京都歴史文化財団アーツカウンシル東京により、東京芸術文化相談サポートセンター「アートノト」という相談窓口も開設されています。東京都内で活動する方はこちらの窓口も知っておくとよいでしょう。必要に応じて弁護士等の外部専門家を紹介してもらえます。

●②文化庁「文化芸術活動に関する法律相談窓口」の利用

文化庁で「文化芸術分野の適正な契約関係構築に向けたガイドライン」（令和4年7月）が公表されたことに伴い、2022年度から始まった法律相談窓口です 02 。相手方との交渉や訴訟までは対象外となりますが、著作権問題に限らず、文化芸術活動に関係して生じる問題やトラブルについて弁護士が無料で相談に対応します。2022年度、2023年度は、弁護士知財ネットがこの事業を受託して弁護士が対応しています。

02 文化芸術活動に関する法律相談窓口

https://www.bunka.go.jp/seisaku/bunka_gyosei/kibankyoka/madoguchi/index.html

●③オンライン法律相談

例えば「著作権」「法律相談」で検索すると、大変な数の法律相談が表示されます 03 。この中に、あなたと同じような悩みを抱えている相談もあるはずなので、情報収集に活用できます。

03 Googleで「著作権　法律相談」で検索（2023年11月10日時点）

Memo

また、主にインターネット上での著作権等の侵害に関する相談に関しては、文化庁が「海賊版による著作権侵害相談窓口」を設置しています。個人のクリエイターも利用できますので、知っておきましょう。
https://www.bunka.go.jp/seisaku/chosakuken/kaizoku/contact.html

●インターネットで専門家を探し出すコツ

　検索エンジンによる検索で弁護士を探すのも有効な方法です。基本的に「地域＋得意分野＋弁護士」のキーワードで検索すれば望むスキルの法律事務所や弁護士が表示されるはずです。例えば「豊島区 著作権 インターネット 弁護士」というキーワードです。もっとも、オンラインでの相談も可能ですので、裁判をするときを除き、地域にこだわる必要性は高くありません。

　弁護士の名前がわかったら「弁護士名＋評判」などのキーワードで検索してみてもよいでしょう。評判の悪い弁護士であれば、利用者の怒りの声が出るはずなので、そのような弁護士は避けましょう。

　もう一つの方法はSNSの活用です。XやFacebookには、インターネットや著作権に詳しい弁護士のアカウントが多数存在します。その人たちが、日々どんな話をつぶやいているか、どんな人と繋がっているのかをチェックすれば、自分にあった人を探す参考になるでしょう。

弁護士に相談してみよう

　自分の要望に近い弁護士を見つけたら、まず電話やメールで問い合わせてみましょう。面談を希望する場合は、日程の調整を行い訪問したり、オンラインミーティングを設定したりすることになります。訪問場所は法律事務所が多いです。

●相談料の相場

　弁護士に法律相談する場合、相場として30分5,000円〜10,000円程度の相談料が発生します（弁護士によって相談料は異なります。）。短時間で効率的に情報を得るために、以下の準備をしておくことをおすすめします。

> ・相談内容をリストアップしておく（前もってメールで送っておくとよい）
> ・書類の草案を事前に作成しておき、その確認を行うようにする（相談時に一緒に作る形だと作業時間が発生し、肝心の相談時間がなくなってしまう）
> ・関係書類（画面キャプチャなども含む）はすべて事前に送る

- 事実関係を時系列でまとめた資料を準備する（自分に不都合な部分も隠さず記載する）
- 自分の要望や優先順位をはっきり決めておく（お金を請求したいのか、不正コンテンツの使用をやめさせたいのかなど）

　私（染谷）の場合、発信者情報開示請求に必要な書類や、内容証明郵便の文面を作った上で、内容的に問題ないかのチェックのために法律相談を利用しました。大枠の流れの説明と書類のチェックだけでも30分はすぐに経過してしまいますので、費用を抑えるために事前準備は大切です。

　なお、30分5,000円〜10,000円というのはあくまでも法律相談料で、裁判準備などの実作業が発生する場合は着手金、報酬金など別途の費用が発生します。事前に弁護士に見積もりをお願いし、裁判に進むようであれば委任契約書を締結するようにしましょう 07。

07 裁判費用の目安

経済的利益の額	着手金	報酬金
300万円以下の部分	8%	16%
300万円を超え3,000万円以下の部分	5% + 9万円	10% + 18万円
3,000万円を超え3億円以下の部分	3% + 69万円	6% + 138万円
3億円を超える部分	2% + 369万円	4% + 738万円

法律事務所で使われることのある「旧日本弁護士連合会報酬等基準」に従った着手金と報酬金の計算式例（現在はこの基準を使用するかは自由です。この基準以外の計算で見積もりをすることも多くあります）。

まとめ

✔無料で相談できる相談窓口を活用しよう。

✔弁護士の相談料は初回の場合、30分で5,000円〜10,000円が一応の相場。

✔相談時間を有効に使うため事前の準備をしっかりとする。

訴えてみよう（少額訴訟）

 著作権侵害者の連絡先はわかったけど、メールや手紙を送っても
まったく反応がない。なんとかしてもらいたいんだけど、どうした
らいいの？

まず内容証明を出してみよう

「連絡が取れない！　訴訟だ！」といいたくなる気持ちは
わかりますが、いきなり裁判となると時間も手間もコスト
もかかります。もしかしたら郵便が届いていない可能性も
ありますし、メールがスパムボックスに入っている可能性
もあります。まずは、しっかりと状況を確認しましょう。
その上で、言った言わない、届いた届いていないという状
況を一歩進めるために、証拠の残る内容証明郵便を送付し
てみましょう。実は、内容証明の送付だけで解決するケー
スも、結構あるのです。

●内容証明とは

内容証明を簡単に言い換えると、「誰（差出人）が」「誰（受
取人）に」「いつ（日時）」「どのような内容が書かれている
のか」を郵便局が証明してくれる郵便制度です。

訴訟を検討している場合、特に契約の解除をしたことを
立証する必要があるときは解除の意思表示を記載した郵便
が届いたという証拠は重要になります。そのため、必ず
「配達証明」付き「内容証明」を利用しましょう。

●内容証明の記入ルールは？

内容証明に使用する用紙については基本的に自由です。
手書きでも構いませんし、ワープロソフトなどを利用して
作成してもOKです。なお、日本法令が内容証明用紙を販
売しているので、そちらを利用してもよいでしょう。

一方、体裁については細かいルールがあります。

Memo

日本郵便のウェブサイトでは、内
容証明とは「いつ、いかなる内容
の文書を誰から誰あてに差し出さ
れたかということを、差出人が作
成した謄本によって当社が証明す
る制度」と記載されています。

Memo

郵便にはいくつかの種類がありま
す。「書留」は引き受けから配達
までの郵便物等の送達過程を記
録し、万が一、郵便物等が壊れ
たり、届かなかったりする場合に、
損害要償額の範囲内で実損額を
賠償するサービスです。「配達証
明」は郵便物がいつ相手方に届い
たかを郵便局が証明するサービス
です。そして「内容証明」は郵便物
の内容について郵便局が証明して
くれるサービスです。

・縦書きの場合：1行20字以内で用紙1枚26行以内
・横書きの場合：1行20字以内で用紙1枚26行以内
　　　　　　　　1行26字以内で用紙1枚20行以内
　　　　　　　　1行13字以内で用紙1枚40行以内
　のいずれか

・用紙1枚に書ける文字数は最大520字まで
※行に1文字でもあれば1行とカウントされる。また、
　句読点や括弧も1字にカウントされる。

・枚数に制限はなし
※枚数が1枚増えるごとに料金が加算

・用紙が2枚以上になるときはホッチキスで綴じ、
　ページの綴じ目に差出人の印鑑を押す
※両側の用紙にまたがるように印鑑を押して差し替
　えを防止する

　文面の内容についてはそれぞれ違ってきますが、一般的な書き方を解説します 01 。
　郵便局へ持参する際には、同じ書面を3通用意します。3通のうち、1通は受取人に発送され、1通は郵便局の控えになり、残りの1通が差出人に控えとして返却されます。

01 内容証明の書き方

　　　　　著作権侵害に対する通知書

　　　　　　　　　　　令和●●年●●月●●日
東京都千代田区●●●●●●
株式会社●●●
代表取締役●●●●殿

　私、●●●●はフリーランスとして活動をしているイラストレーターです。
　貴社が販売している商品（●●）に描かれたイラストは私が著作権を有しており、貴社の行為は私の著作権を侵害するものです。つきましては、以下のとおり通知致しますので、ご対処いただけるよう、お願い申しあげます。

1.私、●●の著作物であるイラストを使用した商品の販売停止、および回収。
2.謝罪文を貴社ホームページに掲載。
3.該当商品における売上の1割に相当する金額の支払い。
以上

　　　　東京都●●●●●●●●　　●●●●　印

文面の先頭にわかりやすいタイトルを入れる。

タイトルの下に受取人の名前を記載。受取人が個人の場合は住所と氏名を記載し、法人の場合は、所在地・法人名に加えて、代表者名を記載。

最後に差出人の住所と名前を記載し、印鑑を押す。

少額訴訟とは

　少額訴訟とは、「60万円以下の金銭支払いを目的として簡易裁判所で行われる裁判」です（民事訴訟法368条1項）。

　例えば、30万円でサイト制作を請け負い、納品したけれども相手が代金を払ってくれないといった時に利用する制度です。原則1回の期日で審理を終了し（370条1項）、直ちに判決言い渡しをするので（374条1項）、通常の裁判よりも簡潔、かつ、スピーディに結果が出るシステムです。裁判というと弁護士を代理人につけて行うイメージがあるかもしれませんが、**実は少額訴訟も通常の民事訴訟も代理人をつけずに本人がやっている数のほうが多いのです。**

Memo

裁判所「令和4年司法統計年報1 民事・行政編」33頁によれば、第一審の通常訴訟既済事件数（全簡易裁判所。少額訴訟から通常移行したものを含む。）は総数329,682件のうち、いずれにも代理人がついておらず当事者によるものが256,013件（約78％）、少額訴訟の既済事件数（少額訴訟から通常移行したものは含まない。）は総数5,108件のうち、いずれにも代理人がついておらず当事者によるものが4,390件（約85％）。

少額訴訟してみました

　実は私（北村）は、実際に少額訴訟を行ったことがあります。その経験をもとに、少額訴訟のやり方について簡単に紹介します。少額訴訟の手順を簡単に説明すると以下のようになります。

①訴状の提出（事件の申し立て）
②口頭弁論期日
③判決
④強制執行

　手順自体は簡単です。裁判所の職員も、書類の書き方などは親身に教えてくれます。しかし、個人で行うには手間も多く面倒です。その際には司法書士に依頼するのも一つの手段です。

　費用は司法書士によって変わりますが、書類の作成から内容証明送付程度の作業であれば1万円ぐらいから可能です。請求額の数％を手数料とすることもありますが、数万円程度を想定しておけばよいでしょう。

Memo

裁判所「少額訴訟」
http://www.courts.go.jp/
saiban/syurui_minzi/
minzi_04_02_02/index.html

●少額訴訟にあたって実際にやったこと

　最初に「①訴状の提出」を行います。これは訴状という自分が求める請求を記載した書類を作成して裁判所に提出する手続です。少額訴訟は1回の期日で審理が終わりになりますので、証拠はすべて第1回の期日前に出しておかなけ

ればなりません。

後日、裁判所から「口頭弁論期日呼出状」が届きます。そこに記載された指定日時に裁判所に出頭しましょう。「②口頭弁論期日」で両者の言い分を聞き、判決に至ります。

なお、相手が口頭弁論期日に来ないこともあります。その場合、すべてこちらの請求を認めたことになり、全面勝訴の「③判決」になります。少額訴訟には控訴がありませんが（377条）、被告は判決の送達を受けた日の翌日から2週間以内は異議申立てができます（378条1項）。異議申立てがされると、さらに口頭弁論期日の指定がされ、審理が続くことになります。他方、異議申立てが期間内にされなければ、その時点で判決が確定します。判決後、数日程度で「少額訴訟判決正本」が届きます。

● 最後の手段「強制執行」

勝訴しても、自動的に強制執行手続がされるわけではありません。いつまで待っても賠償金を支払ってこない場合は「④強制執行」の手続に移ります。いわゆる差し押さえです。何を差し押さえるかは自分で調べなければなりません。そのため、相手の銀行口座なども調べておく必要があります。口座情報で必要な項目は相手方名義の「銀行名」と「支店名」です。口座番号は必要ありません。これらの情報を集めて、裁判所に「強制執行」の申し立てを行います。私の経験したケースでは、相手はECサイトを持っていたので、そこから振込先銀行を知ることができました。

判決が出た後には弁護士に依頼することで弁護士会照会などの情報収集手続を利用して銀行口座の情報を得られることもあります。銀行口座の情報が不明の場合には、弁護士に相談することも検討しましょう。

まとめ

✓まずは「配達証明」付き「内容証明」を送ってみる。

✓少額訴訟でかかる費用は数万程度。

✓銀行口座を差し押さえるためには相手の銀行名、支店名を知る必要がある。わからなければ会社所在地近隣の銀行の支店に差し押さえをしてみたり、弁護士に依頼したりするのも手。

SECTION 07 著作権を侵害していると言われた場合はどうすればいい?

Q 突然、「あなたは私の著作権を侵害している」という抗議の警告書が届きました。できれば穏便に済ませたいのですが、どう対応したらよいですか?

著作権を侵害しているかどうかの判断は難しい

まず、本当に著作権の侵害になるかを判断するのは大変難しいことを理解しておきましょう。著作権侵害になるかは、以下にあるようないくつもの項目について検討しなければ判断できないのです。

- ・抗議をしてきた人の表現物が著作物か
- ・著作物だとしても、抗議をしてきた人が著作権者か
- ・あなたの表現物が抗議をしてきた人の著作物に依拠してつくったものか
- ・抗議をした人の著作物と類似するといえるか

裁判例で見る作品の類似性

実際に裁判になって争われた事例をいくつか紹介します。原告と被告の作品を見比べてみて、類似性があると判断できるかを試してみてください。左(または上)が著作権侵害だと訴えた原告の作品、右(または下)が訴えられた被告の作品です。

● ①Tシャツイラスト事件(→侵害肯定)

被告が原告の販売するTシャツに描かれたイラストと類似するイラストをTシャツに使用して販売した事件です 01 。

Memo

①東京地判令和5・9・29（令和3（ワ）10991）〔Tシャツイラスト事件〕

01 Tシャツイラスト事件（上：原告イラスト2　下：被告イラスト）

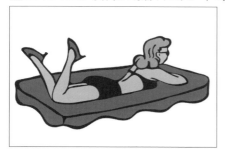

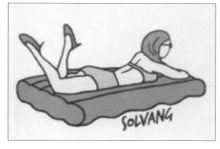

● ②フラねこ事件（→侵害肯定）

　この事件は、被告がインターネット上で見つけた黒猫の
イラストにフラダンスの衣装を組み合わせたイラストを制
作したケースです。イラストレーターである原告が、著作
権侵害を主張して訴えました 02 。

Memo

②大阪地判平成27・9・10判時
2320・124〔フラねこ事件〕

02 フラねこ事件（左：原告イラスト　右：被告イラスト1）

● ③眠り猫イラスト事件（→侵害肯定）

　もう一つ猫のイラストの事案を紹介します。被告が被告のイラストを付したTシャツ等を販売する行為が原告のイラストの著作権を侵害するかが争点となった裁判です 03 。

Memo

③大阪地判平成31・4・18（平成28（ワ）8552）〔眠り猫イラスト事件〕。複数のイラストの類似性が争点となっており、一部の類似性を認め、一部を否定しています。

03 眠り猫イラスト事件（左：原告イラスト　右：被告イラスト1）

● ④モバイルレジェンド事件（→侵害肯定）

　被告のゲーム内画面に含むキャラクターが原告のキャラクター画像の著作権を侵害するかが争点となった裁判です 04 。

Memo

④東京地判令和4・4・22（平成31（ワ）8969）〔モバイルレジェンド事件〕。複数の画像の類似性が争点となっており、一部の類似性を認め、一部を否定しています。

04 モバイルレジェンド事件（上：原告画像1　下：被告画像1）

●⑤坂井真紀イラスト事件（→侵害否定）

　本件は、イラストレーターである原告が、被告がTVLIFE誌平成10年9月25日号にタレント等の新人オーディションの広告としてイラストを掲載した行為が、原告のイラストの複製権を侵害すると主張して裁判になった事件です 05 。

Memo

⑤東京地判平成11・7・23（平成10（ワ）29546）〔坂井真紀イラスト事件〕

05 坂井真紀イラスト事件（左：原告イラスト　右：被告イラスト）

●⑥マンション読本事件（→侵害否定）

　この事案は、被告大和ハウスのマンション読本に使用された多数のイラストがイラストレーターである原告のイラストの著作権を侵害するかが争点となった裁判です 06 。

Memo

⑥大阪地判平成21・3・26（平成19（ワ）7877）〔マンション読本事件〕

06 マンション読本事件
　（左：原告イラスト75　右：被告イラスト1）

著作権侵害だと抗議されても、それが著作権侵害に当たるかについては、簡単には判断ができません。例えば、マンション読本事件では、被告から委託を受けて被告イラストを作成したイラストレーターは、「原告の著書のデザイン及びイラストを私一人の判断で無断で参考にさせていただき作成してしまいました。原告の著作権を侵害し何とお詫びをすればよいのか、誠に申し訳ございません」というメールを送付していました。しかし、裁判所は、原告イラストと被告イラストは類似せず、著作権侵害ではないと判断しています。自分だけで侵害だと判断するのではなく、専門家に相談することも検討するべきでしょう。

自分の表現物の重要性や差し替えの可能性に応じた対応を

著作権侵害かの判断は微妙なケースも多く、最終的には裁判所が侵害だと判断しない限りはわかりません。しかし、実際には、自分の表現物の重要性や差し替えの可能性を考慮して、クレームが来たら、著作権侵害ではないとしても使用をやめることもありえます。特に、重要ではなく差し替えも容易に行えるような場合は、差し替えてしまうほうが簡単なケースもあります。

公の発言は反論の材料にもなる

抗議をしてきた人がSNSなどインターネット上であなたの作品が自分の作品の「パクリだ！」「盗用だ！」などと指摘していた場合、反論の材料になることもあります。公の発言には責任が伴うのです。

具体的には、実際には著作権侵害などの法律上の権利侵害ではないにもかかわらず、侵害であるかのように公に発言する行為は、名誉毀損や虚偽事実の告知流布（不正競争防止法2条1項21号）になることがあります。

例えば、バニーガール衣装事件では、バニーガールの衣装を製造、販売する原告が、被告商品は、原告商品の「コピー商品」や「パクリ」であるとTwitterに投稿した行為が虚偽事実の告知流布にあたるとされ、55万円の損害賠償が認められています 07 。

Memo

東京地判令和3・10・29（令和2（ワ）1852、令和3（ワ）5848）〔バニーガール衣装事件〕

07 バニーガール衣装事件（左：原告商品　右：被告商品1）

また、夢は時間を裏切らない事件では、松本零士（被告）が槇原敬之（原告）創作の楽曲「約束の場所」の歌詞の一部が被告表現の盗作だとテレビで発言した行為について、名誉毀損が認定され、220万円の損害賠償が認められています 08 。

Memo

東京地判平成20・12・26（平成19（ワ）4156）〔夢は時間を裏切らない事件〕

08 夢は時間を裏切らない事件

原告歌詞の一部（原告表現）	被告表現
夢は時間を裏切らない	時間も夢を決して裏切らない

さらに、イラストトレース疑惑ツイート事件でも、イラストレーターである原告に対する名誉毀損と判断され、被告に314万円の支払いが命じられています。この事件では、漫画家兼イラストレーターの被告がブログとツイッターで、原告が被告のイラストをトレースしてイラストを作成している旨の指摘を行いました。

しかし、裁判所は、原告イラストは、被告イラストよりも先に作成されており、被告イラストをトレースして原告イラストを作成することは不可能であるとしました。また、裁判所は、イラストを重ね合わせて作成された検証画像では被告が主張する「線の重なり」があると認めましたが、この事実は原告イラストが被告イラストをトレースして作成されたものではなくても「線の重なり」が生じうることをうかがわせるもので、「線の重なり」があることのみで原告が被告イラストをトレースして原告イラストを作成したと推認することはできないと判断しています。

Memo

東京地判令和5・10・13（令和2（ワ）25439、令和3（ワ）1631）〔イラストトレース疑惑ツイート事件〕

著作権を侵害してしまったら

　ウェブサイト上で公開されているイラストや写真をコピーして使用してしまったなど、明らかに著作権侵害をしたことが判明した場合は、ウェブページやSNSの投稿などのように、削除が可能であるのなら迅速に削除しましょう。著作権者に対して誠意ある対応をしていることを示せますし、長く使用するほど損害賠償の金額は高くなってしまいます。

　著作権者から一定の解決金の支払いを求められることもあるでしょう。その金額が適正かは判断に迷う場面もあるかもしれません。提案された金額を高いと感じたなら専門家に相談したり、弁護士を代理人に立てたりして交渉を進めることも選択肢に入れておいてください。

　損害賠償の金額は事案ごとの判断になりますが、日本ではペナルティとしての損害賠償は認められていません。著作権侵害をしてしまったため、通常の使用料の何倍もの金額を払わなければいけないわけではありません。

Memo
損害賠償の金額についての詳細は、P204で解説しています。

話がこじれて裁判になった場合は、専門家に相談を

　迅速に著作権侵害のコンテンツを削除し、謝罪をすれば裁判にまでなることはめったにありません。ですが、相手が頑なだった場合や企業のブランドを損なっていると判断された場合は、裁判に発展する可能性もあります。この場合、個人で対応するのは非常に難しいので、弁護士などの専門家に相談するようにしましょう。

　著作権侵害のリスクは、非常に高くなっているので、十分に注意しなければなりません。

まとめ

✅著作権を侵害しているかの判断は難しいので安易に自分だけで判断しない。

✅著作権を侵害してしまったら、迅速に削除を行い誠意ある対応を示す。

✅裁判の場合は、個人で対応するのは困難なので専門家に相談する。

CHAPTER

7

デジタルにおける著作権の考え方

ITによって複製や拡散が容易になった現代では、著作権のあり方も大きく変化しました。このCHAPTERでは著作権の基礎となる部分を簡単に解説します。加えて、インターネット上の著作権侵害と戦った方のインタビューを掲載します。

私が
書きました

私が
書きました

木村 剛大(きむら こうだい)
小林・弓削田法律事務所パートナー／弁護士

染谷 昌利(そめや まさとし)
株式会社MASH 代表取締役

私が
書きました

角田 綾佳(すみだ あやか)
株式会社キテレツ デザイナー／イラストレーター

SECTION 01 著作権について 説明できるようになろう

クリエイターが生み出す創作物には、物理的な「有体物」の側面とともに財産的な価値ある「情報」の側面もあります。このように財産的な価値がある情報の利用をコントロールする権利のことを「知的財産権」といいます。著作権、商標権、特許権なども知的財産権の一種です。

著作権のカタチ

● 著作物＝情報

　紙の漫画を買ってきて読んだり、読み終わって捨てたりすることは漫画を買った人の自由です。これは、「有体物」の使用の話だからです。しかし、漫画を撮影してインターネットのウェブサイトで誰でも閲覧できるようにしたり、漫画のコマをTシャツにプリントして販売したりすることはできません。漫画を買ってもその漫画の「情報」を自由に使っていいことにはなりません。漫画を買った人にはその漫画の有体物に関する「所有権」がありますが、情報に関する「著作権」はないのです 01 。

01 物と情報の違い

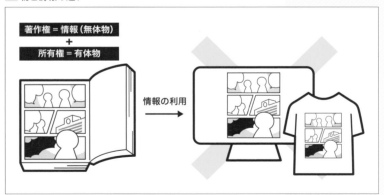

　著作権は知的財産権の一つで、「財産的な価値ある情報」の利用をコントロールする権利です。「財産的価値ある情報」には技術的な情報など様々ありますが、「著作権」はそのなかでも文化の発展に寄与する情報を対象にしています。

つまり、「著作権」とは、文化の発展に寄与する一定の情報の利用をある程度コントロールする権利のことなのです。

> 「著作権」=文化の発展に寄与する一定の情報の利用をある程度コントロールする権利

　有体物は持っている人だけが使えるので、持ち主でない人が使えないのは当然です。これに対して、情報は多くの人が同時に使うことができます。どのような情報をどのようにコントロールできるのか、ルールを決めておかないと利用者も何をしてよいか判断できず不都合です。

　著作権法の目的は、著作者などの権利の保護と公正な利用のバランスをとって、最終的には文化の発展に寄与することにあります。そのため、著作権者と利用者の利益のバランスをとる必要があり、最適なバランスを目指してルールを決めているのです 02 。

Memo
著作権法1条

02 著作者の権利保護と公正な利用のバランス

●**文化の発展に寄与する一定の情報**

　「文化の発展に寄与する一定の情報」とは、「著作物」にあてはまる情報のことです。著作物は「思想又は感情を創作的に表現したものであって、文芸、学術、美術又は音楽の範囲に属するもの」を言います。しかし、この定義だけでは、どのような情報が著作物なのかわかりにくいですね。そこで、著作物とはこういう種類のものですよ、というカテゴリーが例としてあげられています。著作物の定義でいうと、「文芸、学術、美術又は音楽の範囲に属するもの」のことです。

Memo
著作権法2条1項1号

①小説、脚本、論文、講演その他の言語の著作物
②音楽の著作物
③舞踊又は無言劇の著作物
④絵画、版画、彫刻その他の美術の著作物（美術工芸品を含む。）
⑤建築の著作物
⑥地図又は学術的な性質を有する図面、図表、模型その他の図形の著作物
⑦映画の著作物
⑧写真の著作物
⑨プログラムの著作物

Memo

著作権法10条1項各号、美術工芸品について2条2項

　例なので理論上これらに限られるわけではありません。しかし、著作権侵害は刑事罰も定められているので、その範囲は明確であるべきです。したがって、現状の著作権法の解釈としてはこれらの例に準じて「見ること、聴くことで知覚できる表現である」必要があり、味や香りなどの表現は著作物にはあたらないとの解釈になるでしょう。

　また、これらのカテゴリーにあてはまるだけではダメで、「創作的に表現したもの」といえなければなりません。ここでは創作性が大事なポイントです。創作性とは芸術性や独創性ではなくて、個性が表れていることであり、高度なものである必要はないと解釈されています。

　例示では色々な種類の著作物があげられています。どれも著作物であって著作権が発生する点は同じですが、それぞれ性質の違いはあります。大きく「典型的な著作物」と「機能的・事実的著作物」の2つに分けると理解しやすいでしょう 03 。

03 典型的な著作物と機能的・事実的著作物

典型的な著作物	機能的・事実的著作物
小説（フィクション）、音楽、ダンス、絵画、彫刻、建築、映画、写真	小説（ノンフィクション）、地図、プログラム

　これは厳密な分類ではありません。「写真」といってもアートとしての写真（典型的な著作物）もあれば、記録としての写真（機能的・事実的著作物）もあります。あくまでイメージを掴むための整理と思ってください。

「典型的な著作物」は表現する上で制約が小さい一方、「機能的・事実的著作物」では表現上の制約が大きいという違いがあります。

例えば、「地図」は正確に表現するからこそ役立つものでしょう。そのため、「絵画」と比べれば制約が大きく個性的表現の余地は小さくなります。ですが、個性的な表現ができないかというとそうではありません。地図に記載する情報の取捨選択や表示の方法など個性が出る余地は十分にあります。

また、ノンフィクションでも比喩表現は個性が表れやすいことも紹介しました（P078）。交通標語やキャッチフレーズでは短い表現であるため個性的表現の余地は小さくなりますが、創作性が認められた事例と認められなかった事例がありました（P070〜P071）。

その他、YouTube動画のテロップが言語の著作物と認められた事例もあります。

音楽の著作物では、アニメや映画などの映像に入れる効果音や環境音について、著作物と認められた事例があります。知財高裁は、「被告音源データの中の個々の音のみであっても、幅のある表現の中から選択され、その表現に個性の発露を認め得る音も決して少なくないものと認められ、そのようにして制作された音には創作性を認める余地があるといえ、一律に効果音の著作物性を否定できるものではないし、著作物性のある音がごくわずかであるともいい得ない」と判断しています。

このように、表現をする上で制約が大きいか小さいかも考慮しつつ、似たような同種作品の有無も参照してクリエイターの個性的表現といえるかという創作性の判断がされることになります。

● 利用をある程度コントロールする

「利用をコントロールする」ことのできる範囲は、色々と定められています。その数は11種類もあるのです。

デジタル関連では複製権、翻案権や公衆送信権（インターネットによる送信など）が問題となります。著作権は、「権利の束」とよくいわれますが、様々なコントロールする権利（21条〜28条）をまとめて「著作権」と呼んでいるのです。

厳密な分け方ではないですが、大きく2つに分けると理

Memo

東京地判令和4・5・27（令和元（ワ）26366）〔ゼンリン住宅地図事件〕は、「一般に、地図は、地形や土地の利用状況等の地球上の現象を所定の記号によって、客観的に表現するものであるから、個性的表現の余地が少なく、文学、音楽、造形美術上の著作に比して、著作権による保護を受ける範囲が狭いのが通例である。しかし、地図において記載すべき情報の取捨選択及びその表示の方法に関しては、地図作成者の個性、学識、経験等が重要な役割を果たし得るものであるから、なおそこに創作性が表れ得るものということができる。そこで、地図の著作物性は、記載すべき情報の取捨選択及びその表示の方法を総合して判断すべきものである。」と判示しています。

Memo

東京地判令和5・6・12（令和4（ワ）9090）〔YouTube動画テロップ事件〕

Memo

知財高判令和5・3・14（令和4(ネ)10049）〔アニメ音響効果音データ事件控訴審〕。この事案は、主にテレビアニメの音響効果の企画、制作等を行う株式会社（被告）と被告の元従業員（原告）との間の紛争です。原告が被告の顧問弁護士から効果音等の音源データに著作権があると説明され、そのように誤信して被告の顧客から業務を直接受注しないことや被告退職後に音源データを返還すること等の合意をしたのだからこの合意は錯誤により無効だと主張し、音源データの著作物性が争点となりました。

Memo

井上拓『SNS別最新著作権入門』（誠文堂新光社、2022）53頁は、たくさんの権利があることをブドウの粒に例えて解説しています。

解しやすいでしょう。[1] 著作物のコピーをつくる権利と
[2] 著作物へのアクセスを可能にする権利です 04 。

　コピーがたくさん生まれれば、人々がコピーを使用して
アクセスする機会も増えます。コピーが生まれるという
「結果」に着目してつくられたのが、[1]「コピーをつくる
権利」です。[1]「コピーをつくる権利」の仲間として翻案、
つまり、すでにある著作物に新たに創作的な表現を加える
権利があります。

　[2]「アクセスを可能にする権利」は、アクセスしたと
いう「結果」ではなく、アクセスを可能にするという「行為」
に着目してつくられました。そのため、技術の進歩により
アクセスを可能にする手段（行為）が増えたので、どんどん
権利が追加されていきました。①目の前の人々のアクセス
を可能にするのが、「上演」、「演奏」、「上映」、「口述」、「展示」
です。技術が進歩して著作物をメディアに固定できるよう
になると、②遠くに離れた人々にもメディアを通じてアク
セスを可能にすることができます。それが「譲渡」、「貸与」、
「頒布」です。さらに、③メディアによらなくても遠くに離
れた人々にもアクセスを可能にするのが「公衆送信」、「送
信可能化」になります。

04 コピーをつくる権利とアクセスを可能にする権利の２つ

　05 では [2]「アクセスを可能にする権利」について、有
体物の移転なしと移転ありで分けて、全体像を描きまし
た。

Memo

「翻案」は、翻訳、編曲、変形、
その他原著作物の本質的特徴を
維持したまま新たな創作性を加え
た著作物を作成する行為のことを
いいます。原著作物そのままでは
なく、変更を加えて利用する場合
に著作権者は、複製または翻案
にあたるという主張をすることに
なります。

Memo

岡本薫『小中学生のための初めて
学ぶ著作権〔新装改訂版〕』（朝日
学生新聞社、2019）96頁以下
参照

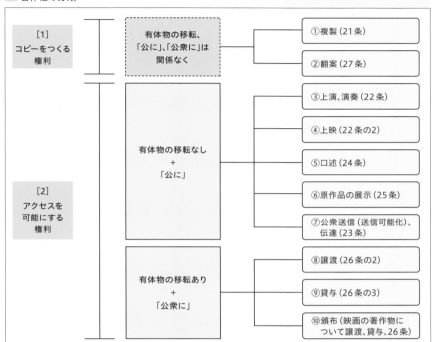

　図で、本来⑪に入るはずの「二次的著作物の利用（28
条）」を入れていないのは、二次的著作物について、原著
作物の著作者は、二次的著作物の著作者と同一の権利（①
〜⑩の権利）を持つという特殊な位置付けのためです。こ
れは、漫画を映画化した場合、漫画の原作者は、映画に
ついて①〜⑩の権利を持つことを意味します。つまり、
二次的著作物である映画についてもう一つ図ができるイ
メージです。

●著作権法は権利の保護と公正な利用のバランスをとることが目的

　先ほど、利用を「ある程度」コントロールすると説明した
のは、著作権法では著作物の利用を「完全」にコントロール
することまでは認めていないからです。著作者などの権利
の保護と公正な利用のバランスをとって文化の発展に寄与
することが著作権法の目的なので、権利者に強すぎるコン
トロール権を認めるのもバランスが悪いからです。

例えば、本を黙読する、音楽を聴く、美術作品を鑑賞するといった行為は著作権の範囲ではありません。また、私的使用のための複製（30条。P092）、付随対象著作物の利用（30条の2。P036）、引用（32条1項。P084）や屋外に恒常的に設置された建物や美術の著作物の原作品の利用（46条。P032）は、著作権者がコントロールできる範囲でも、その権利を制限して利用者が著作物を利用できるように配慮しています。

このように、著作権法では色々と著作物の利用に配慮した規定を設けてバランスをとろうとしているのです。

✎ **COLUMN** 権利制限規定の一覧

・私的使用のための複製（30条）
・付随対象著作物の利用（30条の2）
・検討の過程における利用（30条の3）
・著作物に表現された思想又は感情の享受を目的としない利用（30条の4）
・図書館等における複製等（31条）
・引用（32条）
・教科用図書等への掲載（33条）
・教科用拡大図書等の作成のための複製等（33条の2）
・学校教育番組の放送等（34条）
・学校その他の教育機関における複製等（35条）
・試験問題としての複製等（36条）
・視覚障害者等のための複製等（37条）
・聴覚障害者等のための複製等（37条の2）
・営利を目的としない上演等（38条）
・時事問題に関する論説の転載等（39条）
・政治上の演説等の利用（40条）
・時事の事件の報道のための利用（41条）
・裁判手続等における複製（42条）
・行政機関情報公開法等による開示のための利用（42条の2）
・公文書管理法等による保存等のための利用（42条の3）
・国立国会図書館法によるインターネット資料及びオンライン資料の収集のための複製（42条の4）
・放送事業者等による一時的固定（44条）
・美術の著作物等の原作品の所有者による展示（45条）
・公開の美術の著作物等の利用（46条）
・美術の著作物等の展示に伴う複製等（47条）
・美術の著作物等の譲渡等の申出に伴う複製等（47条の2）
・プログラムの所有者による複製等（47条の3）
・電子計算機における著作物の利用に付随する利用等（47条の4）
・電子計算機による情報処理及びその結果の提供に付随する軽微利用等（47条の5）
・翻訳、翻案等による利用（47条の6）
・複製権の制限により作成された複製物の譲渡（47条の7）

著作物を創作した「著作者」と著作権を持っている「著作権者」

著作物を創作した人が著作者です（著作権法2条1項2号）。そして、著作者が著作権を持つのがルールです（17条1項）。著作権は、著作物を創作すれば発生するので、登録手続は必要ありませんし、著作権表示の有無も関係ありません（17条2項。P150）。著作権は譲渡することができます（61条）。そのため、著作物を創作したクリエイターがクライアントに著作権を譲渡すれば、「著作者」はクリエイター、「著作権者」はクライアントというように、「著作者」と「著作権者」が違うこともあります（P124）。また、職務著作（15条）という例外があり、職務著作になる場合は「著作権者」も「著作者」も法人になります（P146）。

こだわりを保護する「著作者人格権」

「著作者」には著作者のこだわりを保護する著作者人格権として、①公表権（18条）、②氏名表示権（19条）、③同一性保持権（20条）という3つの権利があります。

譲渡できる著作権と違って、著作者人格権は譲渡することができません（59条）。そこで、実務ではクリエイターが著作権を譲渡するときにはセットで著作者人格権を行使しないという取り決めをすることがあると紹介しました（P128）。

Memo

「著作者の名誉又は声望を害する方法によりその著作物を利用する行為」は、著作者人格権侵害とみなされます（113条11項）。厳密には権利として規定されていませんが、この規定は第4の権利として④「名誉声望権」と呼ばれることもあります。

まとめ

✅「著作権」とは、文化の発展に寄与する一定の情報の利用をある程度コントロールする権利のこと。

✅著作権法は、著作権者と利用者の利益のバランスをとって文化の発展に寄与することを目指している。

✅著作権は、大きく分けて[1]著作物のコピーをつくる権利と[2]著作物へのアクセスを可能にする権利の2つと理解しておこう。

クリエイターは著作権でどのような請求ができるのか

クリエイターは、自らの権利を侵害されることも、他者の権利を侵害してしまうこともありえます。自分の作品を守るためにも、クリエイターは著作権に基づいてどのような請求ができるのかを正しく理解することは重要です。

著作権侵害には「依拠」と「類似性」が必要

著作権侵害になるためには、「依拠(いきょ)」と「類似性」が必要になります。

「依拠」は、他人の著作物に接し、それを自己の作品の中に用いることです。つまり、偶然似た作品をつくっても他の作品に依拠したことにならないので、著作権侵害にはなりません。著作物は公に登録されているわけではなく、また、膨大な数の作品があるため、偶然似てしまうこともありえます。

「類似性」は、その名のとおり似ていることですが、どの程度似ていれば類似とするかのハッキリとした線引きは難しいです。ただ、そんなに広く類似とするわけではありません(P042)。「類似」とすることは先行作品の作者にその表現を独占させることを意味します。そのため、著作権法が志向する多様な表現を生むためには、あまり広く類似にして先行する作者にある表現を独占させると不都合もあるためです。

クリエイターの民事上の請求

著作権を侵害されたクリエイターは侵害者に対して次のような民事上の請求をすることができます。

●侵害行為の差止請求

著作権を侵害された、または侵害されるおそれのあるクリエイターは、その侵害の停止、予防を請求することができます(著作権法112条)。侵害者に故意や過失は必要なく、単に著作権の侵害、侵害のおそれがあれば差止請求をすることができます。

理解しておくべきなのは、一部の侵害でも、差止めが認められることです。例えば、電子書籍であれば修正や削除も比較的容易なので、侵害があるとされた部分を削除すれば差止請求は免れます。しかし、出版した紙の書籍では削除ができません。そのため、書籍に著作権侵害の写真などが含まれるときは、写真を含む書籍の販売が差止められることになり、影響が大きくなります。

● 損害賠償の請求

クリエイターは、著作権の侵害者に故意や過失がある場合、損害賠償を請求することができます。物と違って著作物は情報です。情報は他の人が勝手に売っても、クリエイターが情報を売れなくなるとは限りません。ですが、「他の人が売ったからクリエイター自身の著作物が売れなくなったんだ」とはいいたくなるでしょう。しかし、「具体的にいくらの損害が発生したのか」の立証を厳密にするのは難しいものです。そこで、著作権法では、立証をしやすくするために損害の計算に関する規定があります 01 。金額はこれに従って計算することが多いです（著作権法114条）。

なお、損害額はペナルティが課されて一定金額の支払いが必ず求められるということはありません。いわゆる懲罰的な損害賠償は認められていないのです。あくまで損害の計算規定に従って、当事者が証拠を提出して損害額が計算されます。

Memo

知財高判平成19・5・31判時1977・144〔東京アウトサイダーズ事件控訴審〕では、書籍に未公表のスナップ肖像写真を含んでいたことから著作権侵害が認められ、その写真を掲載した書籍の印刷、頒布の差止めが認められています。なお、このスナップ肖像写真は、福井健策『著作権の世紀』（集英社新書、2010）17頁に掲載されています。

Memo

令和5年改正著作権法により、114条1項2号が明記されました。

01 著作権法に基づく損害の計算式

	計算式	注意点
①	侵害品の販売数量×1 販売あたりの権利者の利益（著作権法114条1項1号） ＋ 使用料相当額（著作権法114条1項2号）	クリエイターが著作物を自ら販売していることが必要。 著作権者が侵害者による販売数量を販売できない事情があるときは、その数量分について使用料相当額をプラスできる。
②	侵害品の販売数量×1 販売あたりの侵害者の利益（著作権法114条2項）	少なくともクリエイターが侵害者と同様の利用方法で利益をあげられる蓋然性が必要。
③	使用料相当額（著作権法114条3項）	クリエイターの同種案件の実績、業界相場を考慮。

01 ①と②は、クリエイターが著作物を自ら販売（ダウンロード販売を含む。）していることなどが必要となり、使える場面が限られます。実際に多く使われるのは③の使用料相当額の規定です。

何が使用料相当額とされるかは、クリエイターの同種案件の実績が重要となります。過去に類似の仕事をしたときの報酬額や報酬の計算方法が考慮されます。なお、裁判所は、使用料相当額について著作権侵害であることを増額の要因として考慮できます。つまり、ペナルティまでは無理ですが、一般的なライセンス料と比べて高い金額が認定されることはあります。

　ウェブサイトにイラスト3点が無断で掲載された事件では、裁判所は、イラストレーターの過去の案件として、ウェブサイト上に掲載する漫画（掲載期間1年間）の制作を漫画本編1頁2万円、カラー扉絵4万円との条件を示されていたことなどを認定して、イラスト1点1年あたり3万円の使用料相当額と判断し、合計30万円（使用料相当額27万円＋弁護士費用相当額3万円）の損害賠償を認めています（壁ドンイラスト事件）02 。

　なお、認められた額の約10%が弁護士費用として損害となるのが実務の運用です。弁護士が代理人になったときでも実際にクリエイターが弁護士に支払った費用が損害として認められるわけではないため、注意してください。

02 壁ドンイラスト事件

本書籍のインタビューでも登場いただいたナカシマ723（@nakashima723）さんがTwitterに投稿したイラスト。
出典：https://pbs.twimg.com/media/BtYPklgCYAAYsp5.png

Memo

令和5年改正著作権法114条5項

Memo

著作権法114条1項で損害額を算定した裁判例として、東京地判令和5・9・29（令和3（ワ）10091）〔Tシャツイラスト事件〕があります。これは、被告が原告の販売するTシャツに描かれたイラストと類似するイラストをTシャツに使用して販売した事件です。原告製品と被告製品とで価格差（原告製品定価5,800円、被告製品定価1,990円）があり需要者層に一定の違いがあることや被告が毎年1億円を超える費用をかけて有名な俳優、タレントを起用した被告ブランドの宣伝をしていたことなどから、被告製品の譲渡数量468着のうち70%について原告が販売できない事情があったと裁判所は認定しています。なお、原告から114条3項の主張はなかったため、裁判所も判断していません。

Memo

東京地判平成30・6・7（平成29（ワ）39658）〔壁ドンイラスト事件〕

Memo

大阪地判平成17・12・8（平成17（ワ）1311）〔ドトール事件〕では、写真の無断利用の事案で、写真家が一般的に写真の無断使用の使用料は通常の使用料の10倍とされるのが通常と主張しました。アマナの料金表ではそのような記載があったものの、裁判所は認めていません。

なお、絵画の事案で、無断複製行為に対して通常の使用料の3倍を請求し、実際に受領していた事実関係の下では、使用料相当額として通常の使用料の2倍を認めた裁判例もあります（東京地判平成18・3・23判時1946・101〔近世浮世絵模写事件〕）。

写真についても実績があればその使用料が基準になります。他方で、写真家ではない人が撮影した写真の使用料で実績がないときには、株式会社アフロなどのストックフォトサービスの料金表といった同業界で使用されている使用料が基準とされる傾向があります。その上で、代替性のある写真かなどの個別の事情も考慮して金額が決められます。使用料の何倍もの金額になることは通常ありません（ドトール事件）。

ストックフォトの料金表では高額過ぎると判断され、裁判所が独自に使用料を認定した事例もあります（応援団写真事件）。

クリエイターとしても裁判ではなくて話し合いで使用料の支払いを求めるときは、この辺りの相場はある程度考慮して交渉することが必要でしょう。

損害額が大きくなるパターンは、使用料を定額ではなく定率で計算する場合で、商品の売上高が大きいときです（パンシロントリム事件）。

ロート製薬の胃腸薬「パンシロントリム」のパッケージ、使用説明書、商品リーフレット、店頭ディスプレイなどに著名なポスター作家カッサンドルの著作権を侵害するイラストを使用したケースでは、裁判所は使用料を売上額の2％と認定し、売上高14億5,423万1,364円の2％である2,908万4,627円の使用料の支払いを認めました。

● 名誉回復等の措置の請求

クリエイターは、著作者人格権（公表権、氏名表示権、同一性保持権）を侵害された場合、名誉回復措置（謝罪広告など）を取るよう請求することができます（著作権法115条）。もっとも、実務上はなかなか簡単ではなく、裁判で認められた事例も多くありません。

広告掲載が認められた駒込大観音事件 03 は複雑な経緯のある事件です。光源寺に安置されていた駒込大観音について、光源寺が他の仏師に依頼して、元の大観音を制作した仏師遺族の同意なく、仏頭部をすげ替えてしまったため、元の仏師の遺族が裁判を起こしました。

実際に毎日新聞と中外日報に掲載せよ、と認められた広告は次のとおりです。

Memo

「写真素材・動画素材のアフロ」
https://www.aflo.com/ja

Memo

実際の裁判では、ストックフォトのどのプランの料金を参考にするかも争われることになります。東京地判令和5・5・18（令和4（ワ）13979）〔エジュクロ・ファッション写真事件〕ではPIXTAの定額制プランではなく、単品購入の場合の料金が参照されています。

Memo

東京地判平成30・4・26（平成29（ワ）29099）〔応援団写真事件〕

Memo

なお、著作権侵害を理由とした請求ではないですが、ピクトグラムの修正作業について、公益社団法人日本グラフィックデザイナー協会（JAGDA）のデザイン料金表を用いて計算し、相当な報酬として22万6,500円の支払いを認めた事例もあります（大阪地判平成27・9・24判時2348・62〔ピクトグラム事件〕）。JAGDAの料金表には、印刷媒体広告、エディトリアル、SP広告、CI/VI、パッケージと様々なデザイン制作の際の料金基準が掲載されていますので、参考になるでしょう。

Memo

大阪地判平成11・7・8判時1731・116〔パンシロントリム事件〕

Memo

知財高判平成22・3・25判時2086・114〔駒込大観音事件控訴審〕

03 駒込大観音事件（左：すげ替え後 右：すげ替え前）

出典：駒込大観音事件控訴審別紙写真目録

著作権法違反の刑事罰

　著作権の侵害をした者は10年以下の懲役または1,000万円以下の罰金に処せられ、懲役と罰金がともに科されることもあります（著作権法119条1項）。このような罰則は他の国と比較しても非常に厳しいといわれています。また、法人や個人事業の代表者や従業員がその法人や個人事業主の業務に関して侵害を行った場合には、行為者とともに処罰されます（著作権法124条。両罰規定）。この場合、個人事業主は上記の処罰、法人は3億円以下の罰金を科されます。

　インターネット関連では私的使用目的でも、無断でアップロードされていることを知っていて、かつ、ダウンロードする著作物などが有償で提供・提示されていることを

Memo

法務省「令和4年版犯罪白書」第4編第4章第3節「知的財産関連犯罪」に統計情報があります。

Memo

一般社団法人コンピュータソフトウェア著作権協会（ACCS）のウェブサイトで、著作権侵害の刑事事件の最新情報が掲載されています。
http://www2.accsjp.or.jp/

知っていた場合、そのサイトから自動公衆送信でデジタル録音・録画を行うと、2年以下の懲役もしくは200万円以下の罰金が科せられるようになりました（119条3項）。

ただし、違法アップロードされたデータでも、見たり聴いたりするだけなら録音、録画を伴わないので、刑罰の対象にはなりません。

Memo

令和2年改正著作権法により、対象が音楽、映像から著作物全般（漫画、書籍、論文、コンピュータプログラムなど）に拡大されました。文化庁著作権課「侵害コンテンツのダウンロード違法化に関するQ&A（基本的な考え方）【改正法成立後版】」（令和2年12月24日）https://www.bunka.go.jp/seisaku/chosakuken/hokaisei/pdf/92735201_02.pdf

一部が非親告罪に

著作権侵害は原則としては親告罪ですので、侵害者を刑事事件で処罰するためには著作権者からの告訴が必要です（著作権法123条1項）。しかし、平成28年改正著作権法により、一部が非親告罪になり、著作権者の告訴がなくても検察官は公訴を提起することができます（著作権法123条2項）。

非親告罪になるのは、以下の3つすべての条件をみたす行為に限定されています。

①対価を得る目的又は権利者の利益を害する目的があること
②有償著作物等について原作のまま譲渡・公衆送信又は複製を行うものであること
③有償著作物等の提供・提示により得ることの見込まれる権利者の利益が、不当に害されること

「原作のまま」というのは、二次創作に萎縮効果を与えないようにするため、有償の作品をそのまま複製するデッドコピーに限って非親告罪にするということです。具体的には、販売中の漫画や小説の海賊版を販売する行為、映画の海賊版をネット配信する行為は非親告罪になります。

まとめ

◆差止請求は、事後的な削除ができないケースでは影響が大きいので、交渉上有利に使える可能性がある。

◆クリエイターが著作権侵害を理由に損害賠償請求するときには「使用料相当額」を請求できる。クリエイターの同種案件での報酬が基準となり、その何倍もの請求が認められることは通常はない。

◆有償の作品をそのまま複製するデッドコピー行為は非親告罪になる。

～パクられたらどうする？～
無断利用と戦うためのコツ

近年、インターネット上に公開したイラストや写真を無断利用されるケースが相次いでいます。「これを防ぐための方法」について、イラストを広告に無断利用した相手と戦い、見事に広告の削除と損害賠償を勝ち取った漫画家・イラストレーターの「ナカシマ」さんに、「無断利用と戦うコツ」について、お話を伺いました。

ナカシマ723さんプロフィール

イラストレーター・漫画家。2011年ウルトラジャンプでデビュー。ウェブ上では「無断転載スレイヤー」として、著作権侵害の問題解決に取り組んでいる。現在は作品の無断利用を行ったサイトから回収した賠償金を元手に、漫画「勇者のクズ」をインディーズ作品として連載中。

2014年から続いた無断利用者との戦い

角田

> ナカシマさんは、2014年にTwitterで発表されていた「パクツイBOTスレイヤー」という漫画が有名でメディアでも何度か取り上げられています。私も拝見したのですが、「警察では犯人特定の難しさからやんわり断られ、弁護士に依頼したとしても弁護士費用のほうが高額になってしまい赤字」ということで、ふつうの法的手段では解決できない問題だったと記憶しています。でも、今回お話を伺う「広告の無断利用」については賠償金を獲得できたと伺い、非常に嬉しく思いました。

ありがとうございます。実は、この件については広告を使った会社だけじゃなく、いわゆる「まとめブログ」にも使用料を請求しています。

具体的には、私の画像を無断利用している「まとめブログ」のメールフォームから、「私のイラストを使用しているので、少なくとも原稿料相当として1枚○万円を請求します」というメールを送っています。それだけでも支払ってくれるブログもありますよ。応じない場合は、弁護士さんにお願いして、裁判にも訴えるようにしています。

ナカシマ

「パクツイBOTスレイヤー」では諦めていたことが実現できたわけですね。その理由はなんでしょう？

角田

一番の理由は、「インターネットに詳しい弁護士さん」に相談したことです。以前は「著作権に関わることだから」と、著作権専門の弁護士さんに相談したんですが、「インターネットでの著作権侵害は、まず著作権侵害者を特定するのが大変」ということで、なかなか話が進展しなかったんです。どんなに著作権に詳しくても、IP開示請求などのインターネットの手続に詳しい方じゃないと、ネット上の問題解決は難しいんです。今の弁護士さんにお願いしてから、話がスムーズに進むようになりました。

ナカシマ

無断利用を放置することで生じる機会損失

角田

> でも、無断転載されても直接自分の懐が痛むわけではないのですよね？

ナカシマ

> 私は漫画家として、いろいろな作品を公開しています。無料で公開しているものも多いです。これらがパクられても私の財布からお金が減るわけではありません。
> でも、これが私の作品だと知ってもらえていれば、そこから他の作品を見てくれて、感想をもらえたかもしれません。Twitter上でたくさんRTされたイラストが、広告のお仕事を頂くきっかけになったこともあります。
> そういった可能性が、無断利用されたことで失われるとなると、損失は大きいですよね。それに、今回の広告のように不本意な使われ方をされると、私の名誉も毀損されてしまいます。当事者としては、やはり放っておけないです。

MEMO

「パクツイBOTスレイヤー」
Twitter上に蔓延する「パクツイBOT」との戦いを描いたナカシマさんによるシリーズ漫画。作中でさまざまな対策を検討した結果、無断利用されているツイート・アカウントへのリンクなどの証拠を揃え、ASPへTwitterへ著作権侵害の旨を通報するGoogle Chrome用拡張機能「無断転載スレイヤー（機能拡張）」が誕生した。

アフィリエイト広告への無断利用と顛末

角田

今回、お話いただく（ナカシマさんが描いたイラスト 01 が、広告サイトへの誘導広告に無断利用された）件ですが、最初に見つけたのはナカシマさんご本人ではないそうですね。

01 美容系サイトの広告に無断利用されたナカシマさんのイラスト

ナカシマ

そうなんです（笑）。Twitterで私をフォローしている方が見つけて、わざわざ連絡してきてくれました。そこで、まずは証拠を集めようと思ったのですが、最近の広告（ターゲティング広告）は自分で選んで表示させるのが難しいので、Twitterでフォロワーの方にお願いしたところ、広告が表示されたページを、Web魚拓ツールを使って証拠として保存してもらうことができました。

ただ、アフィリエイター個人に連絡する方法はわからなかったので、「証拠として保存したキャプチャ」、「アフィリエイターの住所氏名、メールアドレスなどの情報請求」、「使用料と慰謝料などの条件」、「個人情報が提供されない場合の損害賠償金」をASPに伝えたんです。すると、ASPを通して「アフィリエイターから」として損害賠償金40万円が支払われました。

角田

サイトの運営者からではなくて、ASPからですか？

MEMO

ASP（アフィリエイトサービスプロバイダ）
インターネットを介して成功報酬型の広告を配信するサービス・プロバイダのこと。

サイトの運営者がASPを通して支払ってきました。一方で、ASPに要求したアフィリエイター個人の情報については開示されなかったので、そこは残念でしたね。

ナカシマ

 角田

このやり取りは弁護士さんを通したんですか？

メールでのやり取りについては、弁護士さんを介さず私一人で行いました。

ナカシマ

画像にIDや©は逆効果？
サインがあれば無断利用は減るのか

 角田

無断利用されないのが本当は理想なんですが、そのために何か対策を取られていますか？ 例えば最近は画像の中にIDや©などを入れて、無断利用を防ぐという対策を取る人も多いようですが。

IDや©は入れていません。
その方がいいと思っています。

ナカシマ

角田

えっ!!　なぜですか?

まず、絵の内容によっては「画面に一切余計な情報を入れたくない」ことがあるというのが一つ。いわゆるネタイラストは特にそうですが、極限まで不要な情報を削っているから面白い作品ってあると思うんです。

それから、IDなどを書くと、無断利用する側が「名前書いてあるんだからいいでしょ」「むしろ宣伝になる」などと開き直ってくるケース、「名前や元絵へのリンクさえあれば無断利用してもいい」という認識で利用してくるケースが出てきます。

法律上、作者名の表記がない場合は「氏名表示権の侵害」にもなるので、より悪質な無断利用だといえますが・・・じゃあ、あらかじめ書いておけば実害が減るのか?といえば、私としては疑問です。

ナカシマ

「IDを書くのが自衛策として当然」といわれるように
なるのも、ちょっと違うと思うんです。ときどき、被
害に遭った人に「自衛しなかったのが悪い」と
言う人がいますが、サインを書いていても書いて
いなくても、無断利用されたら怒っていいん
です！

ナカシマ

おっしゃるとおりです！！

角田

> **MEMO**
> 著作権法19条(氏名表示権) 1項
> 著作者は、その著作物の原作品に、又はその著作物の公衆への提供若しくは提示に際し、
> その実名若しくは変名を著作者名として表示し、又は著作者名を表示しないこととする権利
> を有する。その著作物を原著作物とする二次的著作物の公衆への提供又は提示に際しての
> 原著作物の著作者名の表示についても、同様とする。

著作権侵害を見つけたら通報せず作者へ連絡

私もイラストをTwitterで投稿していますが、結構な
頻度でパクツイをされています。ナカシマさんは、
そのようなパクツイBOTを発見した場合、
Twitterの運営に報告したりしていますか？

特に何もしていませんね。

ナカシマ

角田

あれ、そうなんですか？　あれだけパクツイBOTと戦ってらっしゃったので、てっきりパクツイBOTについては、かなりの憤りをお持ちだと思っていました。

見かけたらイラっとするといえばしますが、流石にもう麻痺してきているというか・・・（笑）そもそも、自分以外の作品が無断利用されていても、私には怒る権利ないんですよね。
パクツイBOTに限らず、作品を無断利用された場合、作者本人以上に周囲のファンとかが怒って、「削除しろ！」って詰め寄るケースがありますが・・・あれ、個人的には、あまりよくないと思っています。

ナカシマ

それは、どうしてでしょう？

角田

基本的に著作権を持っているのは作者なので、無断利用を訴えることができるのは描いた本人だけなんです。本人は特に気にしていないのに、周囲が騒ぎ立てて事を大きくすることが、作者本人のためになるのか、という疑問もあります。

逆に、作者本人がきちんと対処したくても、周囲の干渉でそれが妨げられてしまう可能性もあります。今回の広告への無断利用についても、見つけた人が私に教えてくれるより先に「削除しろ」って詰め寄って、証拠を残す前に消されてしまったら、損害賠償の請求もできなかったと思います。どう対応するかは作者（権利者）が決めればいいので、無断利用を見つけたら「本人に連絡する」、のが一番いいと思います。

ナカシマ

自分が作ったものは自分に著作権がある

角田

これだけ色々と対策をされているナカシマさんですから、やはり日頃のお仕事でも、著作権の所在を明確にするために、しっかりとした契約書を作っていらっしゃると思うんです。

いえ、そんなこともないですよ（笑）。先方が用意された契約書で契約を結ぶこともよくあります。イラストも漫画も、基本的には私が描いたものは私に権利があります。契約書がないからと言って先方に勝手に使用されてしまった、ということは今までありません。

ナカシマ

角田

用意された契約書で「これだけはチェックする」ということはありますか？

自分のオリジナルキャラのイラストや漫画の場合、著作権を譲渡してしまうと、そのキャラの絵や続編を描けなくなってしまいます。一方、企業さんのキャラクターなどをデザインする場合は、著作権を譲渡する契約になるのが普通です。案件によってそこだけは区別して、確認していますね。

ナカシマ

角田

自分の著作物を守るために契約書をしっかりしなくちゃ、と思っていましたが、確かに自分の作ったものはそもそも自分に著作権がありますから、必要以上に怖がる必要はないんですね。

ナカシマさんのようにイラストの無断利用に対して実際に損害賠償を請求したり、裁判をしたりすることで、著作権の管理をしっかりと行っていることを発信するのも無断利用を抑止する対策として非常に有効だと思います。

木村

まとめ

✔無断利用の証拠は、キャプチャPDFやWeb魚拓などで保存しておく。
　※画像のみのスクショ・キャプチャは改変・捏造が容易なので、推奨できない。
✔自分以外の著作物の無断利用を見つけたら、本人に報告する。
✔ネット上の無断利用を弁護士に相談するときは「ネットに強い」弁護士を探す。

付録1 イラスト作成における見積書サンプル

お見積書

2023 年 9 月 27 日 ❶

〒102-0074
東京都千代田区九段南 1-5-5
九段サウスサイドスクエア
株式会社ボーンデジタル　御中

〒573-XXXX
大阪府枚方市 XXXX
スピカグラフ　角田綾佳

お見積金額　231,000 円（消費税含む。）

No.	項目	単価	数量	価格
[1]	書籍表紙デザイン	50,000	1	50,000
[2]	著者イラスト制作	10,000	6	60,000
[3]	ロゴマークデザイン*	100,000	1	100,000
		小計		210,000
		消費税（10%）		21,000
		合計		231,000

備考
・お見積書の有効期間は作成日より 1 ヶ月となります。
・納期の目安は、発注日より 3 週間です。納品形式は ai ファイルとなります。
・納品完了月の翌月末日までにお支払いをお願いいたします。
・成果物は納品後にクリエイターのポートフォリオとしての利用に限り弊社ウェブサイト、印刷媒体など
に掲載させていただくことがあります。不都合があるときにはお知らせください。━━ ❷
・ロゴマークデザインについて、商標登録が可能か、類似商標が登録されているかなど商標調査は含みません。
・成果物の著作権（著作権法 27 条と 28 条の権利を含む。）の譲渡を含む場合、「項目」欄で「*」で表示し
ます。━━ ❸
・利用許諾の範囲：書籍に利用する目的であれば印刷物、電子書籍、ウェブサイトなど媒体を問わず、著
作権の存続期間中、自由にご利用いただけます。ただし、キャラクターの商品化その他書籍への利用に直
接関連しない利用については別途ご相談ください。

「イラスト作成における見積書サンプル」注釈

❶日付は重要なので必ず提出日を記載しましょう。空欄で出さないように。
❷法律上は著作権を譲渡していなければポートフォリオとして掲載することはできます。ですが、クライアントとの
関係を考えると事前に確認をしておくのが望ましいです。
❸この記載があることで、著作権の譲渡を含む対価なのかが明確になります。「*」が表示されていなければ著作
権の譲渡ではないということです（P128 参照）。

付録 2 イラスト制作業務委託契約書サンプル

イラスト制作業務委託契約書 ————————❶

　ボーンデジタル株式会社(以下「甲」という。)とスピカグラフ角田綾佳(以下「乙」という。)は、次のとおり業務委託契約を締結します(以下「本契約」という。)。

第1条(委託業務)
　甲は、甲が刊行予定の書籍『クリエイターのための権利の本』(以下「本件書籍」という。)に使用するイラスト制作業務(以下「本件業務」という。)を乙に委託し、乙はこれを受託します。本件業務の詳細は別紙のとおりとします。

第2条(委託料の支払い)
　甲は、乙に対し、本件業務の委託料として、乙による成果物の納入完了月の翌日末日までに金23万1,000円(消費税含む。)の委託料を乙の指定する銀行口座に振り込む方法により支払います。振込手数料は甲の負担とします。

第3条(再委託の禁止)
　乙は、甲の書面による承諾を得た場合を除き、本件業務の全部又は一部を第三者に再委託しないものとします。

第4条(成果物の利用) ————————❷
1　成果物の著作権は乙に帰属します。
2　甲は、本件書籍に利用する目的(プロモーション目的を含む。)で印刷物、電子書籍、ウェブサイト、その他媒体を問わず、成果物の著作権の存続期間中、成果物を自由に利用することができます。ただし、成果物の商品化その他本件書籍への利用に直接関連しない利用については甲乙別途協議の上、条件を取り決めるものとします。

第4条(権利の帰属) ————————❸
1　本契約に基づき制作した成果物に関する著作権(著作権法27条及び28条の権利を含む。)は、納品完了時に乙から甲に移転します。ただし、乙が本契約以前から有していたイラストに関する著作権は乙に留保されます。
2　乙は、甲又は第三者に対し、成果物に関する著作者人格権を行使しないものとします。————————❹

付録

3 乙は、ウェブサイト、印刷物、その他媒体を問わず、本件書籍の刊行後、成果物を自己のポートフォリオとして公表することができます。

第5条（秘密保持）

1 「秘密情報」とは、不正競争防止法上の営業秘密に該当するかにかかわらず、また、書面、電子データ、口頭その他方法を問わず、いずれかの当事者より相手方に対し、本契約の目的に関連して開示した非公開の情報をいいます。

2 前項の規定にかかわらず、秘密情報には次の情報は含みません。

(1)相手方から開示を受ける前に、すでに自己が保有していた情報

(2)相手方から開示を受ける前に、すでに公知又は公用となっていた情報

(3)相手方から開示を受けた後に、自己の責によらずに公知又は公用となった情報

(4)正当な権限を有する第三者から、秘密保持義務を負うことなく適法に入手した情報

(5)相手方から開示を受けた情報によらず、独自に開発した情報

3 甲及び乙は、秘密情報の不正使用、開示を防ぐためのすべての適切な手続を実施し、本契約上の義務の履行以外の目的で秘密情報を使用せず、秘密情報を第三者に開示しないものとします。

第6条（表明保証）

1 乙は、甲に対し、次の事項を表明し、保証します。

(1)乙が成果物、その他本件業務により発生する一切の知的財産権について適法に権利を有すること

(2)成果物が第三者の著作権を侵害しないこと

2 甲は、乙に対し、本件業務のために甲から素材を提供する場合、その素材が第三者の知的財産権、その他法的に保護される権利利益を侵害するものでないことを保証します。━━━━━━━━━━❺

第7条（損害賠償）

乙が本契約に違反し、これにより損害が生じた場合、甲は、被った損害の賠償を請求することができます。━━━━━━━━━❻

第8条（解除）

1 甲又は乙は、相手方が本契約に違反し、書面による是正の催告を行い、催告後１５日以内に当該違反が是正されない場合、書面による解約通知を相手方に送付することにより、本契約を解除することができます。

2 甲及び乙は、相手方に次の各号のいずれかに該当する事由が生じた場合、相手方に対し何らの催告なく、直ちに本契約を解除することができます。

（1）甲が本件業務を停止したとき

（2）監督官庁より営業停止、営業免許又は営業登録の取消処分を受けたとき

（3）支払能力に重大な影響を与える仮差押え、仮処分、強制執行、担保権の実行としての競売の申立てがあったとき

（4）破産、民事再生、会社更生、特別清算開始の各申立てがあったとき

（5）銀行取引停止又は租税滞納処分があったとき

（6）手形交換所の取引停止処分を受け、又は不渡手形、小切手を 1 回でも生じたとき

（7）解散事由が生じたとき

（8）相手方に対する詐術その他の背信的行為があったとき

（9）本契約に定める表明保証違反があったとき

（10）相手方が債務を履行する意思がないことを表明したとき

（11）その他前各号のいずれかに準じる事由が発生したとき

3　甲及び乙は、本条 2 項のいずれかに該当した場合、当然に相手方に対するすべての期限の利益を失います。

第9条（譲渡の禁止）

　甲及び乙は、第三者に対し、本契約上の地位若しくは本契約に基づく権利、義務の全部又は一部を譲渡したり、担保に供したりしないものとします。ただし、相手方の事前の書面による承諾があった場合には、この限りではありません。

第10条（誠実協議）

　甲及び乙は、本契約に定めのない事項及び解釈に疑義が生じた事項に関しては、別途協議の上、円満に解決を図るよう努めるものとします。

第11条（合意管轄）

　本契約に関して紛争が生じた場合、東京地方裁判所を第一審の専属的合意管轄裁判所とします。

第12条（契約締結方法）

　本契約は、ファクシミリ又はPDF、その他の副本をもって締結することができ、その場合各々が原本とみなされます。

本契約締結の証として本書 2 通を作成し、甲及び乙記名押印の上、各自 1 通を保有します。

令和 5 年 9 月 3 0 日

甲：ボーンデジタル株式会社

　　東京都千代田区九段南 1-5-5　九段サウスサイドスクエア

　　代表取締役社長　新　和也　〔印〕

乙：スピカグラフ　角田　綾佳

　　大阪府枚方市 XXXX

　　角田　綾佳　〔印〕

別紙

・本件業務の範囲

　　[1] 書籍表紙デザイン

　　[2] 著者イラスト制作

　　[3] ロゴマークデザイン

・納品形式

　　AI（イラストレーター）ファイルで納品。

・納品期限

　　令和5年10月19日

以上

付録

「イラスト制作業務委託契約書サンプル」注釈

❶クライアントから提案される想定での業務委託契約書サンプルになります。必ずしもクリエイターに有利な条件
の契約書サンプルではありませんので、ご注意ください。

❷P124参照。利用許諾の範囲についての記載例です。

❸P128参照。著作権を譲渡するときでも、ポートフォリオとして公表することができるという条項を盛り込んでい
ます。利用許諾と著作権の譲渡の2パターンを第4条で紹介しています。クライアントからいずれかの条件が
提案されることになります。何も契約書に記載がないときには利用許諾と解釈される傾向があります。

❹著作者人格権の不行使について、クリエイターとして確保しておきたい事項は加えるように交渉しましょう
（P131コラム参照）。

　以下は、修正案の例になります。

「乙は、甲又は第三者に対し、次の事項を除き、成果物に関する著作者人格権を行使しないものとします。

　(1) クレジット表記

　　　甲は、成果物の利用に際し、甲乙合意する内容、体裁のクレジット表記を行うものとします。

　(2) 改変の禁止

　　　甲は、成果物を改変する場合（色彩の変更を含む。）、事前に乙の同意を得るものとします。」

❺クリエイターからすると、クライアントから素材の提供を受ける場合には入れておきたい条項です。クリエイ
ターのみが保証する内容のことも多いですが、素材の提供を受けるときにはこのような条項の追加を提案する
とよいでしょう。

❻クライアントが商標登録を予定するデザインを制作する場合（ロゴマークが典型例です。）、クリエイターが商標
調査を行うことは現実的ではありません。また、万が一、第三者の商標権を侵害していた場合、その責任
をクリエイターに請求されるのは不公平です。そのため、ロゴマークのデザイン制作の場合などでは、損害賠
償の上限を設けるよう交渉したほうがよいでしょう。「ただし、乙の損害賠償の金額は、故意又は重過失のな
い限り委託料の金額を上限とします。」という案が考えられます。

サンプルデータについて

　付録の「イラスト作成における見積書サンプル」「イラスト制作業務委託契約書サンプル」のWordファイルが本書の書籍ページ、または書籍のサポートページから、ダウンロードできます。

ボーンデジタルのウェブサイト

https://www.borndigital.co.jp/book

上記、URLから本書の書籍ページへアクセスしてダウンロードボタンをクリックするとファイルがダウンロードされます。

【注意事項】
・本付録のライセンスは、注釈も含めて全体を利用する場合にはCC NY-NC4.0です（クレジットの表示、非営利を条件に改変・再配布が可能）。なお、見積書サンプル、イラスト制作業務委託契約書サンプル自体は適宜必要箇所を変更の上、自由にご利用いただけます。
・サンプルデータを実行した結果につきましては、筆者および株式会社ボーンデジタルは一切の責任を負いません。

主要参考文献

・加戸守行『著作権法逐条講義〔七訂新版〕』（著作権情報センター、2021）
・中山信弘『著作権法〔第4版〕』（有斐閣、2023）
・作花文雄『詳解　著作権法〔第6版〕』（ぎょうせい、2022）
・島並良＝上野達弘＝横山久芳『著作権法入門〔第3版〕』（有斐閣、2021）
・茶園成樹編『著作権法〔第3版〕』（有斐閣、2021）
・岡村久道『著作権法〔第5版〕』（民事法研究会、2021）
・岡本薫『小中学生のための初めて学ぶ著作権〔新装改訂版〕』（朝日学生新聞社、2019）
・岡本薫『著作権の考え方』（岩波新書、2003）
・半田正夫＝松田政行編『著作権法コンメンタール1〔第2版〕』（勁草書房、2015）
・半田正夫＝松田政行編『著作権法コンメンタール2〔第2版〕』（勁草書房、2015）
・半田正夫＝松田政行編『著作権法コンメンタール3〔第2版〕』（勁草書房、2015）
・池村聡『著作権法コンメンタール別冊平成21年改正解説』（勁草書房、2010）
・池村聡＝壹貫田剛史『著作権法コンメンタール別冊平成24年改正解説』（勁草書房、2013）
・松田政行編『著作権法コンメンタール別冊平成30年・令和2年改正解説』（勁草書房、2022）
・小泉直樹ほか『条解著作権法』（弘文堂、2023）
・井上拓『SNS別 最新 著作権入門』（誠文堂新光社、2022）
・星大介＝木村剛大＝片山史英＝平井佑希『事例に学ぶ著作権事件入門』（民事法研究会、2023）
・松島恵美＝諏訪公一『クリエイターのための法律相談所』（グラフィック社、2012）
・池村聡『はじめての著作権法』（日経文庫、2018）
・福井健策『18歳の著作権入門』（ちくまプリマー新書、2015）

付録

INDEX ［用語・目的別索引］

権利に関する裁判および問題

大串 肇［おおぐし・はじめ］
株式会社mgn 代表取締役

Web制作会社にてデザイナー兼ディレクターとして勤務後、2012年よりフリーランス
mgnとして独立し、2015年より株式会社mgn代表取締役。Webサイト制作を通して、
企業がビジネスを成功させるための手伝いをしている。

[SNS] https://twitter.com/megane9988
[URL] https://www.m-g-n.me/

北村 崇［きたむら・たかし］
株式会社FOLIO／フリーランスデザイナー／Adobe Community Evangelist

事業会社のマネージャーとしてサービスのデザインに携わる傍、フリーランスとしても
グラフィックデザインやWeb制作、IoT等のUI/UXデザインも請け負っている。また
セミナーや研修、執筆、プロジェクトのアドバイザーなど、制作業務以外の活動やサ
ポートも行っている。にんにくとビールが好き。貝とレバーと辛いものは食えない。

[SNS] X & Instagram > tah_timing
[URL] https://timing.jp

木村 剛大［きむら・こうだい］
小林・弓削田法律事務所パートナー／弁護士

弁護士（日本、ニューヨーク州、ワシントンDC）。ライフワークとしてアート・ロー（Art
Law）に取り組み、アーティスト、ギャラリー、アート系スタートアップ、その他アート
プロジェクトに関わる各種企業にアドバイスを提供している。主な著作として『事例に
学ぶ著作権事件入門』（民事法研究会、2023）（共著）、ウェブ版美術手帖シリーズ「アー
トと法の基礎知識」、法律監修として『すごくわかる著作権と授業』（大学ICT推進協議
会、2023）がある。文化庁「文化芸術活動に関する法律相談窓口担当弁護士」（2022
年度、2023年度）。

[SNS] https://twitter.com/KimuraKodai
[URL] https://www.artlawworldjapan.net/

古賀 海人［こが・かいと］
株式会社キテレツ 代表取締役／クリエイティブディレクター／
ウェブ・グラフィックデザイナー／フルスタック開発者

横浜出身、高校時代をシアトルで過ごし、早稲田大学商学部を卒業後、ファッションデザイナー、グラフィックデザイナー、ウェブデザイナー、プログラマーとしてキャリアを積んだ後、株式会社キテレツを設立。ウェブとグラフィックを中心としたデザイン、開発、ブランディング、マーケティングなどを行う。WordPress、React、Astro、Ruby on Rails などの著名オープンソースソフトウェアへ貢献する一方、自身でも積極的にオープンソースを開発している。

[SNS] https://twitter.com/ixkaito
[URL] https://kiteretz.com/

齋木 弘樹［さいき・ひろき］
株式会社mgn 取締役

大学卒業後、17年間にわたって Ducati 専門のチューニングショップでメカニックとして勤務。腰痛のため退職の後、Web に関する勉強をイチから始め、手始めに勉強会に行きまくる。
2012 年 6 月より Web 制 作 会 社 に 勤 務。主 に HTML・CSS の マ ー ク ア ッ プ と WordPress の構築を業務とする。2017 年 10 月から株式会社mgn 所属。
WordCamp Tokyo 2023 実行委員長。

[SNS] https://twitter.com/lunaluna_dev
[URL] https://www.m-g-n.me/

角田 綾佳［すみだ・あやか］
株式会社キテレツ デザイナー／イラストレーター

2002 年ごろからWeb制作に携わり、Webサイトのデザインやイラスト制作を行う。2012 年から始めたブログ「デザイナーのイラストノート」での記事をきっかけに、デザインのセミナーにも登壇。イラストや漫画をXなどのSNSでも積極的に発信する。

[SNS] https://twitter.com/spicagraph
[URL] https://in.spicagraph.com/

染谷 昌利［そめや・まさとし］
株式会社MASH 代表取締役

12 年間の会社員生活を経て、インターネット集客、ブログメディア収益化の専門家として独立。行政機関のアドバイザー、企業のウェブサイトのコンテンツ作成パートナー、パーソナルブランディングやネットショップなどのコンサルティング業務も行う。代表的な著書に『成功するネットショップ集客と運営の教科書』（SBクリエイティブ、2014）、『ブログ飯 個性を収入に変える生き方』（インプレス、2013）、『Google AdSense成功の法則57』（ソーテック社、2014）『世界一やさしいアフィリエイトの教科書』（ソーテック社、2015）、『複業のトリセツ』（DMM PUBLISHING、2018)がある。

[SNS] https://twitter.com/masatoshisomeya
[URL] https://someyamasatoshi.jp/

著作権トラブル解決のバイブル！
クリエイターのための権利の本 改訂版

2023年12月25日　初版第1刷発行

[著　者]	大串 肇、北村 崇、木村 剛大、古賀 海人、齋木 弘樹、角田 綾佳、染谷 昌利
[監　修]	木村 剛大
[協　力]	ナカシマ723
[発行人]	新 和也
[編　集]	小関 匡、斉藤 美絵
[発行・発売]	株式会社ボーンデジタル
	〒102-0074　東京都千代田区九段南1-5-5　九段サウスサイドスクエア
	TEL：03-5215-8671
	FAX：03-5215-8667
	URL：https://www.borndigital.co.jp/book
	お問い合わせ先：https://www.borndigital.co.jp/contact
[イラスト]	角田 綾佳
[装丁・本文デザイン]	佐藤 理樹（アルファデザイン）
[DTP]	佐藤 理樹（アルファデザイン）
[印刷・製本]	シナノ書籍印刷株式会社

ISBN：978-4-86246-582-5
Printed in Japan